JICAプロジェクト・ヒストリー・シリーズ

稲穂の波の向こうに
キリマンジャロ

タンザニアのコメづくり半世紀の軌跡

浅井　誠

ASAI Makoto

はしがき

　1961 年、英国から平和的に独立を果たしたタンザニア。しかしその後の発展は一筋縄にはいかなかった。1970 年代後半には、主要産業であったコーヒーの国際価格暴落に始まり、隣国ウガンダとの戦争による損失もあり、同国の経済は大きな打撃を受けた。そして、1981 年には大干ばつに見舞われ、食糧事情は悪化の一途をたどった。ニエレレ大統領が主唱したウジャマー社会主義は行き詰まりを見せた。

　本書は、そのような時代背景のもと、1974 年に行われたキリマンジャロ総合開発の調査に始まり、今日までの 50 年にわたってタンザニア稲作支援に取り組んできた人々の活動の軌跡である。彼らは、現地の農家とともに汗を流し、特別な日にしか口にできなかったコメが日常的に食卓に上るという、タンザニア国民の夢を現実にした。水不足等の自然条件にも影響されるコメづくりの難しさは容易に想像できるが、その過程で人々を巻き込んで、彼らのモチベーションを保ち、さらに産業として発展させる過程では、想像以上の時間と根気を要したであろう。それを見知らぬ土地で行うとなれば、なおさらである。自然条件や文化の違いを理由にあきらめ、ないものを嘆くのではなく、農家がもつ限られた資源で実現できる方法を探し、常に現地の人々と協働してきた協力のあり方は、日本の国際協力の姿勢を体現しているといえる。

　キリマンジャロ山麓から始まった灌漑と稲作の技術協力は、その後、タンザニア国内での面的展開に成功し、今日までに、アフリカ域内の広域イニシアティブ CARD（Coalition for African Rice Development）として発展を遂げた。これまで長年日本が行ってきた協力は、近年重要性が増す世界の食料安全保障にも貢献している。

　著者の浅井氏は本書の中で、「途上国支援に対する厳しい世論がある中で、3 倍もの収穫を得て笑顔を浮かべる農家の姿は誰のどのような言葉よりも説得力がある」と述べる。昨今の開発協力のあり方については、世界

情勢の変化を背景にさまざまな議論が出ている。しかし、単に物資や資金の提供に留まらず、現地に合った稲の栽培方法、田の耕し方を定着させることで、人々が持続的にコメを育て、食べられるように伴走してきたこの取り組みの成果は、時間をかけた粘り強い開発協力の意義を物語っている。

　私自身、キリマンジャロを訪問し、関係者へのインタビュー調査を行ったことがあるが、住民に溶け込もうとする日本人たちの姿が現地の人々に鮮烈な印象を残していることがわかった。タンザニアの人々と共に耕した田は、情熱を持った日本人たちが現場で築いてきた信頼関係の象徴であり、今日もタンザニアの地では稲穂が輝きを放っている。本書を通じて、この物語を紹介することにより、魅力あふれる開発協力の世界について読者の皆様に知っていただくきっかけになればと思う。

　本書は、JICA緒方研究所の「プロジェクト・ヒストリー」シリーズの第37巻である。この「プロジェクト・ヒストリー」シリーズは、JICAが協力したプロジェクトの背景や経緯を、当時の関係者の視点から個別具体的な事実を丁寧に追いながら、大局的な観点も失わないように再認識することを狙いとして刊行されている。農業をテーマにしたものとしては、「ブラジルの不毛の大地「セラード」開発の奇跡」、「シルクの大国インドに継承された日本の養蚕の技」、「パラグアイの発展を支える日本人移住者」、「ヒマラヤ山脈の人々と共に」が刊行されているが、アフリカでの農業開発をテーマとしたプロジェクト・ヒストリーは本書が初めてである。益々の広がりを見せている本シリーズを、是非、一人でも多くの方が手に取ってご一読いただけるよう願っている。

JICA緒方貞子平和開発研究所

研究所長　峯　陽一

目次

序　　章

はじめに

　2019年、横浜で「第7回アフリカ開発会議（TICAD7）」が開催された。その場で、アフリカのコメ生産がこの10年間に倍増したことが報告された。また、国際社会が一致団結してさらなる倍増を2030年までに目指すことが宣言された。日本が提唱したアフリカ稲作振興のための共同体（CARD）と呼ばれる国際的な取り組みに至る道のりをさかのぼると、タンザニアにたどり着く。

　本書は1970年代から現在まで、半世紀にわたり取り組んできたタンザニアでのコメづくり協力の記録である。コメの輸入国であったタンザニアが純輸出国に変貌した裏側で、日本の支援が大きな役割を果たしたことを紹介する。

　50年もの間に日本は高度成長とバブル崩壊を経験し、政府開発援助（ODA）予算はかつての半分にまで落ち込んだこともあった。途上国支援の在り方について国際社会でさまざまな問題提起や指針が示され、時には「いつまで援助し続けるのか」という批判にさらされた。変化する外部環境の中、なぜ日本はタンザニアでの稲作に関わり続けることができたのか。その答えの1つに、支援が確たる結果に結びついたことがある。3倍もの収穫を得て満面の笑みを浮かべる農家の姿は、誰のどのような言葉よりも説得力を持つ。真摯に成果を追い求めた代々の専門家が紡いだ現場の取り組みが、いつしか逆風を追い風に、そして上昇気流に変えたのである。

　本書は8章で構成され、それぞれの章の概要は以下のとおり。

　第1章では、タンザニアでの稲作協力の端緒を拓くキリマンジャロ州総合開発計画の策定から、ローア・モシ地区にキリマンジャロ農業開発センター（KADC）が設立されるまでの期間を記す。日本の政府開発援助が始まって間もない頃で、技術協力や青年海外協力隊の実施機関として国際協力事業団が設立されたのはこの時期でもある。

第2章は、ローア・モシ地区に水田稲作が定着するまでの80年代から90年代半ばにかけて行われた、円借款による灌漑施設整備と技術協力「キリマンジャロ農業開発計画（KADP）」の奮闘の様子を紹介する。

　第3章は、それまでのローア・モシ地区での灌漑農業の導入支援から稲作技術普及体制の構築へ、協力の軸足が転換する話である。国土面積は日本の2.5倍と農家がおかれた環境、農業事情は大いに異なる中で、有用性と汎用性のバランスを見極めることは、自然相手の仕事とはまた異なる挑戦があった。

　第4章では、2000年代に日本の援助関係者を震撼させた国際的な援助理念に関する議論を取り上げる。「ドナーが手前勝手に援助を行うことは非効率である」というこの議論は、人づくりを旨として他国や援助機関との差別化を図っていた日本の援助の在り方に根本的な見直しを突き付けるものであった。突如存亡の危機に立たされたタンザニア稲作協力の未来は、ダルエスサラームにいる援助機関代表らの議論に委ねられた。

　第5章では、第4章と同じ時期に行われていた技術協力「キリマンジャロ農業技術者訓練センター計画フェーズ2」を舞台に、さまざまな理念や価値観をいかにして1つのプロジェクトの中で実現していったかを伝えたい。ジェンダー主流化、参加型開発、そして前章で取り上げた援助協調のそれぞれの重要性は論じられているが、それを具体的な協力事業の中でいかに実践するか、その答えは現場の専門家が見つけ出さなければならなかった。現場の苦悩、工夫の一端を感じてもらいたい。

　第6章では、CARDイニシアチブ発足の舞台裏を紹介した。この時点でキリマンジャロでの取り組みを始めてから30年以上が経過し、日本のODA関係者の中ではよく知られるところとなっていたが、世間一般や国際社会での認知度は極めて限定的であり、発足の過程に携わったJICA職員にとっても新鮮な体験となった。農業セクターに関する援助協調の議論に決着がつき、日本の稲作協力はタンザニア農業の重点的取り組み事項であ

るとの整理がタンザニア政府、各援助機関の間で共有され、JICAは晴れて技術協力「灌漑農業技術普及支援体制強化計画（タンライス1）」を始めることができた。

　第7章は、タンライス1から始まる新たな挑戦を取り上げる。タンザニア農業政策・方針と足並みを揃えることをより意識し、かつ明確に示す必要に迫られた結果、タンライス1に求められる機能、役割は拡大した。また、技術協力「コメ振興支援計画（タンライス2）」に代替わりするタイミングで、天水条件下で安定的にコメを生産する方策を模索した。条件不利地での栽培はもちろんのこと、現場への移動、活動の進捗や成果の把握などプロジェクト運営の難易度は飛躍的に高まった。

　第8章では、一連の取り組みから生じたインパクト、副次効果を取り上げる。農業機械販売網の伸展や農業金融の利用など、稲作が産業としてタンザニアに根付いていると確信できる事例、遠く離れた西アフリカで始まることとなった稲作振興策がタンザニアでのJICAの知見に着想していたエピソードを紹介する。そして文末に、50年にわたる日本の稲作協力がどのような変化をタンザニアにもたらしたのか、ローア・モシ地区の今の様子を交えながら概括する。

関連年表

年	外交・政治	タンザニアの農業関連政策	日本の対タンザニアODA（主に本書関連事項）
1885	ベルリン会議（独によるタンザニア（後のタンガニーカ地域）統治合意）		
1890	英独協定（英によるザンジバルの統治合意）		
1905	マジマジの反乱（独統治に対するタンザニア住民の蜂起。〜1907）		
1919	ベルサイユ条約（独のタンガニーカ統治終了、英の実質的統治開始）		
1922	タンガニーカを英の委任統治領とする国際連盟決定		
1945	第二次世界大戦終結		
1946	タンガニーカを英の信託統治領とする国際連合決定		
1954	日本がコロンボ・プラン（アジアや太平洋地域の国々の経済や社会の発展を支援する協力機構）に参加		
1956	日本が国際連合に加盟		
1961	タンガニーカ独立、ニエレレ（J. K. Nyerere）大統領就任（1962）	ウジャマー構想	
1962			研修員受入開始
1963	ザンジバル独立		
1964	ザンジバルとタンガニーカが合邦し、タンザニア連合共和国となる。		
1965			専門家派遣開始
1967			青年海外協力隊派遣開始
1974			キリマンジャロ州総合開発計画作成
1975			ローア・モシ地区における各種試験実施
1978	ウガンダ軍との武力衝突（〜1979）		技術協力「キリマンジャロ州農業開発センター計画（KADC）」開始（〜1985）
1981			無償資金協力「キリマンジャロ農・工業開発センター設立計画」完工
1982			有償資金協力「ローア・モシ農業開発事業」借款契約締結
1985	ムウィニ（A. H. Mwyini）大統領就任		
1986	世銀、IMFによる構造調整プログラム開始	緊縮財政、経済自由化	技術協力「キリマンジャロ農業開発計画（KADP）」開始（〜1994）
1986			バガモヨでの灌漑農業の実現を支援する個別専門家の派遣を開始
1987			有償資金協力「ローア・モシ農業開発事業」完工
1990			無償資金協力「ヌドゥング地区農村開発計画」完工
1990			個別専門家「バガモヨ灌漑農業開発計画」派遣開始（〜1993）
1994			技術協力「キリマンジャロ農業訓練センター計画（KATC）」開始（〜2001）
1995	ムカパ（B. Mkapa）大統領就任		
1995			個別専門家「バガモヨ灌漑農業普及計画」派遣開始（〜1998）
1995	"ヘレイナー・レポート"提出	援助協調議論の始まり	
1999	タンザニア政府と一部ドナーによる「タンザニア支援戦略」策定		
2000	貧困削減戦略文書策定		
2001		ASDS策定	

14

年	外交・政治	タンザニアの農業関連政策	日本の対タンザニア ODA（主に本書関連事項）
2001			技術協力「キリマンジャロ農業訓練センター計画フェーズ2（KATC 2）」開始（～2006）
2002			無償資金協力「モロゴロ州ムウェガ地区小規模灌漑開発計画」完工
2004			開発調査「全国灌漑マスタープラン」完了
2005	キクウェテ（J. Kikwete）大統領就任	Kilimo Kwanza（農業第一）	
2006		ASDP 開始	
2007			技術協力「灌漑農業技術者普及支援体制強化計画プロジェクト（タンライス1）」開始（～2012）
2007			技術協力「DADP 灌漑事業ガイドライン策定・訓練計画プロジェクト」開始（～2010）
2007			有償資金協力「第4次貧困削減支援借款」、「第5次貧困削減支援借款」借款契約締結
2007			無償資金協力「貧困削減戦略支援」による財政支援
2008	TICAD4		アフリカ稲作振興のための共同体（CARD）発足
2008			無償資金協力「貧困削減戦略支援」による財政支援
2009			有償資金協力「第6次貧困削減支援借款」、「第7次貧困削減支援借款」借款契約締結
2010			技術協力「県農業開発計画（DADPs）灌漑事業推進のための能力強化計画プロジェクト」開始（～2014）
2010			無償資金協力「貧困削減戦略支援」による財政支援
2011			有償資金協力「第8次貧困削減支援借款」借款契約締結
2011			無償資金協力「貧困削減戦略支援」による財政支援
2012			技術協力「コメ振興支援計画プロジェクト（タンライス2）」開始（～2019）
2013			有償資金協力「第10次貧困削減支援借款」借款契約締結
2013			有償資金協力「小規模灌漑開発事業」借款契約締結
2014			有償資金協力「第11次貧困削減支援借款」借款契約締結
2015	マグフリ（J. Magufuli）大統領就任	インフラへの投資重視	
2015			技術協力「県農業開発計画（DADPs）灌漑事業推進のための能力強化計画プロジェクトフェーズ2」開始（～2020）
2018		ASDP フェーズ2開始宣言	
2018			開発調査策定型技術協力「全国灌漑マスタープラン改訂プロジェクト」完了
2019	TICAD7		CARD フェーズ2発足
2021	サミア（Samia S. Hassan）大統領就任	Agenda10/30（年率10％成長）	
2023			技術協力「コメ振興能力強化プロジェクト（タンライス3）」開始（実施中）

第1章

キリマンジャロのコメ

野生あふれる赤道直下の国

　タンザニアはアフリカの国々の中でも比較的知名度の高い国である。地図上の位置を示すことはできなくても、ほとんどの人が国名を知っている。アフリカの人気旅行先ランキングの常に最上位に登場する人口約6,200万人の国には、世界中から観光客が押し寄せる。今では飛行機を乗り継ぎ20時間以上かけてやってくる日本からの観光客も珍しくなくなった。隣国ケニアとセットにしたサファリツアーが人気のようである。

　アフリカ東岸にあるタンザニア（正式にはタンザニア連合共和国）。国土はほぼ赤道直下から南に広がり、面積94.5万km^{2}は日本の約2.5倍もある。国土の中央を大地溝帯が南北に貫いていて、東リフトバレーとも呼ばれる低地帯はケニア、エチオピアを通ってジブチに至る。西側の国境にもタンガニーカ湖からウガンダへと続く西リフトバレーと呼ばれる地溝帯がある。これら2つの大地溝帯に挟まれたところにはアフリカ最大の湖でありナイル川の源でもあるビクトリア湖がある。

　国土の大部分を占めるのはサバンナや、丈の短い草の草原、ステップ（樹木のない平原）だが、そびえ立つ山や海のように大きな湖も内包している。野生動物資源が豊富で、ケニアと行き来するヌーの大群が観察されることで有名なセレンゲティ国立公園、巨大クレーターの中に野生王国が広がるンゴロンゴロ保全地区、関東地方の1.5倍もの面積があるというニエレレ国立公園（旧セルー動物保護区）はいずれも世界中から観光客を集める世界遺産である。なかでも象徴的存在が、アフリカ最高峰、標高5,895mの威容を誇るキリマンジャロ山だ。ヨーロッパ各国が競ってアフリカに進出した頃、現在のタンザニアとなるドイツ植民地側にキリマンジャロ山を含めるためにイギリスと交渉があったそうで、定規で引いたような直線の一部分だけ湾曲している特徴的な国境線は現在のケニアとの国境線として引き継がれている。

　スワヒリ語で「輝く山」、マサイ族は「白い山」と呼ぶキリマンジャロ山。

E.ヘミングウェイは1936年に発表した『キリマンジャロの雪』の中で、＜世界の端から端迄広がって、壮大に聳え立ち、日の光を浴びて信じられぬ程の白さで見えている＞と描写した[1]。

赤道からわずか340km南のサバンナの大地の真ん中で万年雪と氷河を戴くアフリカ大陸最高峰は、80年以上経てもなお圧倒的な存在感を放ち人々の心をひきつけて止むことがない。また裾野で栽培されるコーヒー豆はこの国の主要な輸出産品となっている。

アフリカ、野生動物、サファリ、キリマンジャロ、コーヒー…。タンザニアの一般的なイメージはこんなところかもしれない。しかし、私にとってタンザニアといえば "コメ"、"日本のアフリカ稲作協力が始まった場所" なのである。

新興独立国の苦しみ

1961年、宗主国のイギリスから平和的に独立を果たしたタンザニアだった[2]が、描いた未来とは全く異なってしまった。ニエレレ政権が、独立後の国家建設の最大の目標であり手段の核と考えた農業部門の成長が実現しなかったのだ。輸出作物の生産性向上と多様化、食料自給という目論見が外れ、輸入代替産業や農村軽工業や観光という新たな外貨獲得手段への投資が妨げられてしまった。

「自らの未来は自らの手で創るのだ。タンザニアは石油には恵まれないが人と自然には恵まれている、農村部で皆が協力して農林畜産業を興す以外に術はない」との思いと決意を表したのが1967年。

自立更生あるいは自助による社会的平等の実現という理念は、タンザニア国民はもとより国際社会からも支持を得て、政府は多くの公共事業、投資を行った。

経常収支は1970年に赤字に転じたが、政府借入と外国援助でファイ

---

1) 老人と海他，集英社 1977.10 世界文学全集 , 77。
2) 当時はタンガニーカ共和国。

表1　独立初期の主要な援助国　　　　　　　　　（単位：1,000タンザニアシリング）

国名＼年度[3]	1963/64	1964/65	1965/66	1966/67	1967/68
イギリス	22,680	23,900	17,520	5,500	3,653
ドイツ	16,400	7,220	4,320	3,980	41,280
アメリカ	5,440	19,960	29,960	29,140	23,518
イスラエル	700	8,460	6,340	—	—
スウェーデン	—	—	1,600	17,900	25,551
オランダ	—	—	—	5,780	3,663
中国	—	5,980	—	16,680	40,458
カナダ	—	—	—	700	10,202
デンマーク	—	—	—	5,000	450
ソ連	—	—	—	—	5,082

出所：林（1971）

ナンスした。数年に一度発生する干ばつで輸出作物や食料生産が打撃を受けることはあったが、70年代半ばまでは順調な成長を続けることができていた。

　しかし、1976年にコーヒーの国際価格が急落したのを手始めに、タンザニアの発展シナリオの歯車が狂い始める。1978年11月、隣国ウガンダ軍がビクトリア湖の西側から国境を超えてカゲラ州に侵入したことから戦争状態に入る[4]。1979年4月にウガンダ軍の追放に成功するまでに、独立以降蓄積した外貨準備の多くを戦費に使ってしまうことになった。1981年から82年の作季は大規模な干ばつに見舞われ、大量の食料を輸入する必要が生じた。さらには第二次オイルショック（1979年）を受けて、アメリカをはじめ先進諸国ではインフレが加速。これを抑え込むために金利を上昇させたことが途上国の債務負担を増大させ、外部資金への依存を深めていたタンザニア財政を一層苦しめていた。

---

3) タンザニアの会計年度は、7月から翌年6月まで。
4) 当時はウェスト・レイク州。

景気がどんどん悪くなる様を目撃した青年がいた。1958年にタンザニア北西部、ビクトリア湖の畔<ruby>畔<rt>ほとり</rt></ruby>、現在のカゲラ州に生まれたウィリアム・ンドロは、キリマンジャロ山麓にある政府の農業試験場に農業普及員として勤める父とともに、マラング・ルートの入り口に位置するマラング地区に移り住んできた。苦学して23歳で中等教育課程を修了し、モシから約700km離れたビクトリア湖西岸のブコバ市にある農業省の研修所で2年間学んだ後、83年5月にキリマンジャロ州政府の農業普及員として採用され、モシに戻ってきた。

　この頃のタンザニア経済は行き詰まっていた。同じ年の1月、ニエレレ政権の経済運営に不満をもった分子が政府転覆計画を実行に移した。クーデターの試みは未遂に終わらせることができたが、輸入代金決済に充てる外貨準備が不足しているために、日用品は恒常的に品薄状態で、食料品にも苦労することがあった。ガソリンを買うための車列が100m以上になり、半日がかりの仕事となる有様。物価は上昇しているのに給料は上がらない。構造調整と知られるIMFと世界銀行（以下、世銀）の支援プログラムの受入を決める3年前のことである。

コメは<ruby>贅沢<rt>ぜいたく</rt></ruby>品

　クーデター未遂事件の後すぐに、タンザニア政府は値上がりを期待した売り渋りや、密輸などの不法行為の取り締まりに乗り出した。第二第三のクーデター計画あるいは政府に対する不信が国民に広がることを恐れたのだろう。『経済を妨害する者（economic saboteur）』と疑われる小売・業者や、輸出入・流通業者の倉庫やオーナーの自宅、便宜を図った役人や警察官を対象とする捜査が全国規模でかつ大々的に行われた。

　食料から日用品に至るまであらゆる物資の輸出入には、外国人とりわけ南アジア系住民が多く携わっているのだが、彼らが不当逮捕を恐れて国外脱出を考えている様子が報じられた。大統領が国民に一層の勤労と耐乏生活を呼びかけ苦境脱出に懸命な最中、ダルエスサラーム郊外の高級住

宅街に住み、輸入が厳しく制限されていた家電製品や自動車を保有し、ビーチ沿いのレストランで優雅に食事を楽しむ外国人コミュニティは羨望（せんぼう）と嫉妬（しっと）を集めていた。そのために大衆の不満のはけ口に利用されかねないことを恐れたのだ。様子を伝える当時の報道の中に、コメを常備していることが富の象徴として描かれていて面白い。

　ところで、タンザニアの主食と聞いて何を思い浮かべるだろうか。ウガリと即答できる人はなかなかのタンザニア通。ウガリは穀類を挽いた粉をお湯で溶き、煮詰めながら餅のようになるまで練り上げたもの。今はトウモロコシ（メイズ）の粉を使って作るのが一般的だが、比較的条件の厳しい場所でも育つソルガム（モロコシ）やミレット（ヒエやアワの類）を使って広く食されている。タンザニアだけではなく近隣の国でも食されていて、シマ（ザンビア、マラウィ）など各地で独自の名称がある。

　ウガリのほかチャパティといったコムギから作る粉モノや、甘藷（かんしょ）（サツマイモ）やプランテン（調理用バナナ）も一般的で、多様な食文化があった。個人の好みやお腹の空き具合、そして懐具合でメニューを決めている模様。

　キリマンジャロ州では、コメはパンガニ川の上流域の氾濫原で細々と栽培されていた。タンザニアにいつ稲作が伝わったかは定かではないが、インド洋交易を通じて西アジアないし中東から伝来したと考えられる。ちなみにタンザニアを含む東アフリカで栽培されているのは、主にインディカ米として知られるアジア稲（*Oriza sativa L.*）の種類で、アフリカに起源をもつ種（*Oriza glaberrima Steud.*）は西アフリカで栽培されている。

　新人ンドロの一日の食事は次のとおり。朝、何も食べずに出勤して、職場でチャイとスナックを食べ、昼にウガリとマメを食べる。晩もだいたい同じ。時々魚が出たけれど、肉はたまにしか食べられなかった。「本当にお金がなかったからレストランで外食することはめったになかったけれども、レストランで普通のランチ（ウガリニャマ）の値段は1シリング、ウガリをコメに代えると（ワ

リニャマ）値段は倍の2シリングだった」と話してくれた。コメを日常的に食べられるのはごくわずかの裕福な人だけで、普通の人にとってコメはお祝い事や特別な時くらいにしか食べられない贅沢品だった。

食事のいろいろ

白米（ワリ）と牛肉（ニャマ）の煮込み『ワリニャマ』
KATCの食堂にて

ワリと鶏肉（クク）の料理『ワリクク』

ピラフ（ピラウ）とニャマの料理『ピラウニャマ』

ウガリと魚（サマキ）の料理『ウガリナサマキ』

南アジアを中心に広く食されている『ビリヤニ』
慶事の定番

小麦粉で作るクレープあるいは薄焼きパン『チャパティ』

提供：冨塚孝則、坪池明日香、鈴木文彦、佐藤勝正

半乾燥地帯でコメをつくる

　日本を含む東アジアで栽培されているジャポニカ種、南アジアや東南アジアで栽培されているインディカ種など、それぞれの地域の気候、自然環境に適応したコメ種が存在している。1970年代には「ミラクルライス」と呼ばれた改良品種が開発され、フィリピンやインドで高い収量を実現したが、この改良品種は多雨や湿潤な地域での栽培を想定していた。

　ところがタンザニアのようなサブサハラ・アフリカ地域は半乾燥気候に属するところが多い。コメに限らず農作物の栽培には灌漑用水の確保が死活問題である。日本には古墳時代の水路跡が残っているように、アジアでは発達した水路網を備えた水田地帯を容易に見つけることができる。離れた場所から水を途切れることなく引くには、延々と続く水路を拓き、管理しなければならない。機械がない時代は人力で行っていた。長い年月をかけて集落が形成され、コメづくりのために協働することが社会文化になったアジアのようなことをタンザニアでも期待できるのか。あるいはタンザニアの気候風土にミラクルライスが適応するのか、栽培適地を事前に判断できる情報はなかった。半乾燥気候は年間降水量が300〜800mmとされているけれども、そもそもタンザニアの降雨量についてすら信頼できる観測値がない。タンザニアでコメづくりを手掛けることは新境地を拓くことに他ならなかった。

日本の協力が始まる

　日本から派遣された調査団が、キリマンジャロ州の総合開発の青写真を描いたのが1974年。

　国内の資源をより一層活用するために、地方政府により大きな権限が与えられ、州単位で開発計画の立案と実行が推し進められている時であった。各州政府は競うように独自の開発計画作りを進め、それぞれが違った国に協力を求めた。キリマンジャロ州に対する支援が要請された日本のほか、世銀、カナダ、スウェーデン、オランダ、デンマーク、ドイツに対して要

表2　州総合開発計画の策定の要請先

州（Region）	ドナー
アルーシャ	スウェーデン
コースト	カナダ
ドドマ	カナダ
キゴマ	世銀
キリマンジャロ	日本
マラ	デンマーク
モロゴロ	オランダ
ムワンザ	スウェーデン
シニャンガ	オランダ
タンガ	ドイツ（西独）
ウェスト・レイク（現カゲラ）	デンマーク

出所：JICA（1975）

図3　タンザニアの州区分（1974年時点）

請が寄せられた。

　続く75年にはキリマンジャロ州に初めて長期間滞在する8名の専門家が派遣され、低地サバンナで栽培可能な作物や利用可能な水資源量の調査を開始した。ちょうどリアムング農業試験場のミワレニ分所があり、ここを活用することとした。この辺りはキリマンジャロ山からの伏流水が湧出していて、州政府が新たな灌漑農地の開発を見込んでいる場所であった。

　日本がキリマンジャロ州に対する農業協力の拠点として選んだチェケレニ村は、独立にあたり、1961年に初代大統領が表したウジャマー構想に共感した人が集まって発足した開拓村である。[5]

　州都モシの町を東西に走る幹線道路を境に、北側はキリマンジャロ山頂に向かって標高が高くなっていく山麓地域でミッドランド（標高でおおむね1,000～2,000m）、ハイランド（同2,000m～）と呼ばれている。これに対し道路の南側、標高の低い地域はローランドと呼ばれる。チェケレニ村はモシの南東17kmほどのローランドの中にある。

　冷涼で降雨量に恵まれたミッドランドとハイランドには、コーヒーとその風避けのためのバナナが植えられている。コーヒー生産はドイツ人が渡来するようになった20世紀初頭（1910年代）から始まり、ドイツそして後に宗主国となるイギリス等との交易を通じて急速に拡大した。また英語教育や近代的な医療も持ち込まれ、タンザニアの中では早くから豊かな生活を送っていた。しかし逆に人口が増えた結果、若い世代が相続で得る土地は世代を経るごとに小さくなり、独立時点で家族を養うには足りなくなっていた。その結果、収入を求めて住み慣れた土地を離れる者が生じていた。

　一方のローランドは赤茶けた土が広がり、アカシアやシクンシ科の灌木やエレファントグラスやカンガルーグラスなどの草本植物が広がる半乾燥気候の平地。時折バオバブの木も確認できる。幹線道路を離れると外国資本に

5）ウジャマー村(Ujamaa village)。

よるサイザル麻、綿花、サトウキビのエステート（商業農場）やビール工場がある以外は、人けはほとんどない。

　チェケレニ村の住民は、乾燥に強いミレット、ソルガム、キャッサバ、メイズを栽培して命をつないでいた。生活用水は政府が井戸を設置してくれたが、灌漑を行うには足りるものではなかった。畑を広げようにもサバンナ特有の土壌は乾燥するととても堅く、鍬と手斧で開墾するのは気が遠くなるほど骨の折れる作業であった。そのような過酷な環境でもたくましく生きてはいるが、生活は楽とは決していえない。

　湿地帯でわずかにコメを収穫する者もいるが、貴重な現金収入源で食卓に出ることはまずなかった。

　キリマンジャロ州総合開発計画の立案に携わった日本人専門家がこう記している。

　　山腹部における伝統的農法の反収は既に高水準に達し、容易に開墾できる農地が少なくなってきた。キリマンジャロ地域の歴史的な発展パターンが一つの転換点にさしかかった。今後の発展のためには新しい生産手法が必要である。キリマンジャロ地域総合開発計画の意義はここにある。すなわち、この計画は単に急増する人口を扶養する方法を提供するのみではなく、歴史的発展過程における転換点を乗り越えて、新しい発展の未来をひらくものでなければならない。（JICA 1975）

　　キリマンジャロ山麓の低地サバンナの農業開発ができれば、これをモデルとして、キリマンジャロ州はもとより、タンザニア国に広大な面積を占める同標高の未開発地の農業開発に大きな希望を与えるものである。（海外技術協力事業団 1973）

表4　キリマンジャロ州における主要農産物の年間販売量（1969〜71年平均）　　　（単位：トン）

品目	州合計	キリマンジャロ県	パレ県
バナナ	69,410	65,820	3,590
砂糖（精糖）	49,144	49,144	—
コーヒー（アラビカ種）	18,992	18,368	624
コムギ	11,402	11,402	—
メイズ	10,249	10,064	185
サイザル麻	9,104	4,341	4,763
野菜	2,012	1,811	201
ミレット（Finger millet）	1,772	1,666	106
Jaggery[6]	2,155	860	1,295
綿花	2,253	772	1,481
コメ	3,488	220	3,268

注：行政区分は次図参照。　　　　　　　　　　出所：海外技術協力事業団（1973）から筆者作成

図5　1975年当時のキリマンジャロ州の行政区分

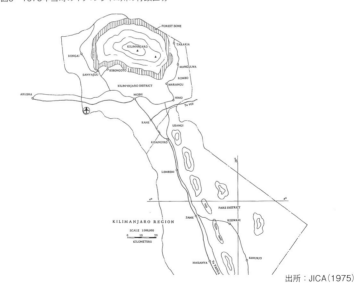

出所：JICA（1975）

6）砂糖ヤシからつくる粗糖。

　スワヒリ語のウジャマー（Ujamaa）は「集う」という意味を持つが、タンザニアが目指すべき社会主義国家像を語る際にニエレレ大統領は、ウジャマーをfamily-hood（家族）という英語を充てて説明している。すべての人が働き平等な分配が行われていた伝統社会における相互連帯が目指すべき正義であるとし、日々の生活のために働く下層階級とその労働の上に生活する上流階級という"階級社会に内在する搾取"を否定した。「客が来たら二日間は客としてもてなせ。しかし三日目には彼に鍬を持たせよ（Mgeni siku mbili, ya tatu mpe jembe：（Treat a guest as）a guest for two days, on the third day give him a hoe）」というタンザニアの諺を、ニエレレ大統領は好んで引用していたと伝えられている。

　さらには、独立直後に注力した工業開発も搾取を助長する結果を導くと自己批判する。いまだ未熟な工業を興すために借りた借金は、農作物の輸出で稼いだ外貨で返済された。都市部に集中して工場を造り、そこに働く人のための住宅や病院、学校を造った。しかし、地方に住む大多数の国民にとって恩恵のないこれらの建設資金の返済の責任を担わせることは、都市部による地方部の搾取であると。

　上述のとおり独立直後のタンザニアには多額の援助が寄せられた。戦後の冷戦の最中で、東西両陣営には新興独立国の囲い込みという政治的な思惑が多分にあったと思われるが、ニエレレ大統領は自身の国家建設の理念に一定の支持を得たと考えていたに違いない。

　しかし、援助はドナー国の外交政策の一部であってドナー国のその時々の意向に大きく左右される。このことを強く突きつけられるでき事が1964年と65年に起きた。

　始まりは、西ドイツの援助のキャンセル。1964年4月にザンジバルとタンガニーカが合併しタンザニア連合共和国が成立したことで、連合

共和国は、タンガニーカが承認していた西独と旧ザンジバルが承認していた東独のどちらを承認するか決断を迫られた。ニエレレ政権は東独には大使館ではなく総領事館の設置を認めるに留めたが、西独は満足せず、即座に援助を停止する対抗措置を取った。続いて、イギリスの援助も停止された。1965年1月、ローデシア（その後のジンバブエ）のスミス政権が一方的に独立宣言（Unilateral Declaration of Independence）を行なったにもかかわらず、英連邦の盟主イギリスは経済制裁に留めた。これを不服とするタンザニアが駐英大使を召還したことに対するイギリスの報復措置であった。英連邦諸国が武力弾圧を求めたにもかかわらず、英連邦の盟主イギリスが経済制裁に留めたことを不服としたタンザニアは駐英大使を召還したのだった。

　立て続けに起きた一連のでき事は、タンザニアに外国援助の“ひも付き”[7]の危険性を認識させ、真の独立のためには国内に存在する資源〜つまり土地と人材〜に基礎を置くSelf-reliance（独立独行あるいは自助）の必要性を強く認識させることになった。平等と相互連帯、それに自助が融合して、これが独自の社会主義の理念と方法論を確立するきっかけとなった。なお、1967年にニエレレ大統領が明らかにしたこの国家像に共感したスウェーデンは、同年以降急速に援助量を増大させる。

　ちなみに、ローデシアに対する経済制裁はタンザン（またはTAZARA）鉄道建設のきっかけにもなった。ザンビアはローデシアを経由して南アフリカから銅鉱石の輸出ができなくなったためである。

　タンザニア社会主義を実現する具体的な手段が、国民の相互連帯の実践の場であるウジャマー村の建設である。まずは散り散りに住んでいる世帯が1カ所に集まって新しく村を作るところから始め、そして一部

7）援助資金はその供与国の影響力が残り、タンザニアの完全な自由にはならない、また、約束されたとおりに援助資金が供与されないという意。

の農地で共同作業を行い、最終的には村のすべての農地を共同農場にして労働と収入を村民で分配するという段階的な発展が想定された。[8]

　平等な分配を実現するために、農作物は専売公社を通じて政府が買い取り、その流通を管理した。主要なエステートや貿易会社の過半数以上の資本取得、すべての金融機関の国有化も行われたた。

　ウジャマー村の登録数はそれなりに増えたが、共同農場化はほとんど進まなかった。その理由は、地力の低い開墾農地の生産性を上げるための投資や農業普及サービスが十分に投下されなかったことにある。加えて、キリマンジャロ州においては多くの住民の生活の拠点が高地にあるため、わずかなリターンしか得られない共同作業にわざわざ遠く離れたところから通うことにインセンティブが働かないという事情もあった。

　開発資金を捻出するはずであった輸出農産物の生産も、サイザル麻やカシューナッツの生産が低下した後に加工場等の投資を始めるなど、士族の商法よろしく損失を生んでいた。また、専売公社の非効率は農家が得る庭先価格を低く抑えることで帳尻を合わせたため、共同農場化を妨げる悪循環に陥っていた。

キリマンジャロ農業開発センター

　1975年から約3年間にわたりモシに滞在した専門家チームは、コメやいくつかの畑作物が低地サバンナでも十分に生産できる手応えを感じていた。栽培試験を担当した専門家が次のように語る映像資料が残っている。[9]

8）1974年制作の日本映画「アサンテ サーナ／わが愛しのタンザニア」には70年代初期のウジャマー村の様子が描かれている。

9）「新しい世界 キリマンジャロの夢」、国際協力事業団(n.d.)。

　水というのはやはりコストがかかる訳で、現実の問題としましてトウモロコシの値段が非常に安い訳ですよ。今平均1ha当たり1トンぐらいの収量。これを3トンに上げましてもなかなかペイしないという計算になっております。今のところコメなんかは割にいいんですよね。今の反当り120kgぐらいのを300kgぐらいまでには上げるのは難しくないんじゃないかと思っております。

　78年9月、日本政府は低地サバンナでの耕種基準の確立と地域住民への技術普及のための拠点を作ること、新しい栽培体系を住民に実践してもらうための農地の造成に合意した。

　キリマンジャロ州の夢の実現に向けて歩みを進めることになる。

　まずは専門家の執務場所とさまざまな栽培試験を行う圃場を確保することから始めた。

　キリマンジャロ州政府の敷地の一角には、農村工業の振興のための工業開発センター（KIDC）との共同拠点となる2階建ての建屋を、チェケレニ村には試験農場（trial farm）と研究施設、講義室や農業機械の整備場などを造ることとした。

　79年に着工した総額20億円の無償資金協力プロジェクトは、81年2月に建物が完成し、同年6月に試験農場が完成する。敷地の入り口にはKilimanjaro Agricultural Development Center、略してKADC、の銘板が掛けられた。

　工事の完了に合わせて81年に3名、82年にさらに3名の長期専門家が赴任を開始した。3mにも達するサトウキビが林立するTPC[10]の畑の中を真っすぐ走る未舗装の道は、雨を含むとスリップして動けなくなるようなぬかるみに変わる。それが乾くと四輪駆動車でも車体の下をこすってしまうくらい

10）Tanzania Plantation Company。植民地時代にデンマーク資本が経営していた Tanganyka Plantation Company に端を発する。

図6　バナナと豆類を混植する在来農法

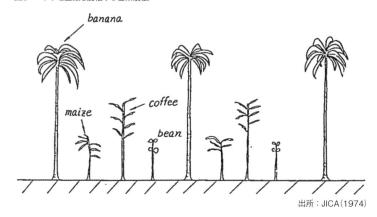

出所：JICA（1974）

深い轍になる。常時7名の専門家が、上下左右に揺れる車の中、時には窓ガラスや天井に頭をぶつけながら毎日40分ほどかけてKADCに通った。

　栽培担当専門家は10haの試験農場を使って、低地サバンナに導入できる作目や増収可能性の高い品種を見極めるべく、コメ、メイズ、野菜、園芸作物の栽培試験を行った。在来品種のメイズは肥料の感応性が高くなく、無施肥でバナナや豆類を同じ畑に混植し自然降雨に頼る農家の間で一般的に行われている栽培方法と比して、生産性に大きな差は認められなかった。一方、ケニアで使用されている改良種は、施肥量に比例して多収となる傾向を得た。在来品種がhaあたり1〜2トンの収量に対して5トン前後をあげた。これに必要な灌漑用水量も特定された。

寒暖差と日本産品種

　畑作や園芸作物では、サツマイモが無施肥で7〜15トンを記録。干害に強いことも実証された。熱帯地方に位置するが標高が高いために寒暖差が大きいという特徴は、スイカやメロンに向いていると考えられた。日本で育成された品種（Sweet favorite（スイカ）、プリンスメロン）を試したところ

成功。15℃以上の気温較差が生じる10月から11月（最高気温33 ～ 35℃、最低気温17 ～ 19℃）[11]に果実が大きくなるようタイミングを合わせると甘みが増した。乾いたサバンナ気候のお陰で病害虫の発生が抑制されたこともプラスに働いた。スプリンクラーで効果的に散水することで多収が十分に期待できた。

　この寒暖差は、一方でコメの収穫にはマイナスに作用することも明らかになった。キリマンジャロ州では6月から9月にかけて気温が低下するのだが、この時期の最低気温は北海道において冷害の目安とされている17℃を下回る。この時期に穂ばらみ期（減数分裂期）を迎えたイネは、花粉の正常な発育が損なわれてしまう。また、開花時期に高温状態が続くと受精が阻害されてしまう。[12]高温障害をもたらす気温の目安は35℃とされるのだが、気温が上昇する2月から3月にはこれを超える気温がチェケレニ村で観測されている。いずれも受精ができないために籾（もみ）の中には何も入っていないか、あっても食用にならない貧弱な実があるだけで、収量低下という結果をもたらす。

　日本から水稲うるち米、陸稲もち米の計10品種を持ち込んだが、低温障害が発生し品種によってはhaあたり1トン未満という結果になった。日本晴は当時日本でコシヒカリと並んで広く作付けされていた品種であるが、収穫した籾のうち5分の1にしかきちんとした実（登熟粒）が詰まっていなかった。日本稲の中で比較的高い収量を記録したのは、haあたり4トン超を計測したコシヒカリと大空だったが、日本であれば籾で6トンは期待できることを考えると遠く及ばない。そして灌漑条件下で栽培した在来品種にはこれを超えるものがあった。また日本稲の特徴である脱粒性の低さは、機械収穫には収穫ロスを減らすことができるのでとても都合が良いのだが、タンザニア

11）当時の実測値。
12）この他、収穫前の高温は胚乳が白く濁ったり、胴割れを起こしたりするが、タンザニアではまだコメの品質は量（多収性）ほど問題視されていないので説明を割愛している。

脱穀の様子 出所：TANRICE（2013）

のように稲穂を人力で地面に打ち付けるやり方で脱穀する場合には、稲穂を振る回数を増やしたり普段以上に力強く振り下ろしたりしないと籾を取りこぼしてしまうことが明らかになった。後にダルエスサラームに住む日本人からは「モシヒカリ」とも呼ばれ愛される日本稲であったが、試験の結果からはタンザニアの農家に推奨する品種の中には含まれなかった。

　一方、フィリピンに設立された国際稲研究所（IRRI）が開発したIR系統品種は良好に成績を残した。コメにおける緑の革命の代名詞であり、台湾の在来種低脚烏尖とインドネシア種Petaの交配から生まれたIR8、後続のIR20、IR36、IR42、IR54、IR56はいずれもhaあたり5〜7トン、最高では8.6トンという多収性を記録した。

　IR品種は日本米と同じような高温障害は受けなかった。低温被害を除けば最大の脅威は鳥による食害と乾燥であった。

鳥を追い払い、枯死を防ぐ

　東南部アフリカに広く生息するハタオリドリの一種、クエラクエラは、草や穀物の種子を餌としている。日中は100〜200羽の群れで行動し、複数の

群れが同じ場所で夜を明かす。100万羽にのぼるコロニー（営巣地）も確認されるとのこと。餌を求めて何百kmも移動し、チェケレニに現れるクエラクエラはケニア南部の自然公園で繁殖して、雨期が明けたのを見計らってタンザニア北部に移動してくる。

　鳥追い風船（目玉風船）、反射テープ、案山子などを試したが、2週間程度で慣れてしまい効果は時間と共に薄くなる。鳥追い風船は風に揺られて動きがある時には一定の効果が見られたが、無風の時にはほとんど効果がない。そして大群が飛来した時には風船を中心とした半径5mの範囲を除いて食べ尽くされるという始末。結局、爆竹や空き缶を叩き大きな音を出したり、紐に結んだ小石等を振り回すなどして人力で追い払う古典的な方法が一番確実であった。それでも1羽のクエラクエラは1日に75gの籾を食すとの報告もあり、何かの理由で鳥追いができなかった日に2,000羽もの大群が飛来してしまった時と仮定すると、その日だけで収穫直前で1プロット（0.3ha）の1割、開花から間もなければそれ以上のイネが被害を受ける計算になる。

　試験農場で使う灌漑用水は井戸水を使っていたので、ポンプを動かす軽油が無くなると稲が枯死するのをただ見守るしかなかった。モシで自家用車用のガソリンを入手するのにも難儀するくらいなので、街から遠く離れたチェケレニ村にまで軽油を届けるタンクローリーはなかなか来てはくれなかった。ポンプの故障や田んぼの水持ちを左右する代掻きの良否もイネの枯死や生育不良を招く。

　18回行った試験[13]のうち、十分な灌水ができず生育が不良となったのが3回、鳥害に遭ったのが2回、そのうち1回は全滅した。

　それでも適切に灌漑が行えればhaあたり5トン以上が期待できることが確信された。KADCの専門家が推奨した耕種基準は次のとおり。

---

13) 作期を変えて収量性を検証する調査。KADCではこのほかにも耕種基準を導出するための試験を行い、合せて11テーマ、延べ47の試験を実施した。

クエラクエラ　　　　　　　　　　　　　　　　　　　　　提供：富高元徳

鳥追い作業　　　　　　　　　　　　　　　　　　　　　　出所：堀端（1993）

品種：IR20、IR36、IR54、IR56、Affa Mwanza（在来種）
苗代日数：25 〜 35日
栽植密度：IR品種25株/m²、在来種20株/m²
　　　　　どちらも1株3本植

　農業普及員として採用されたシドロがキリマンジャロ州に配属されたの
は、このような試験が精力的に行われている最中。そしてKADCの近隣住

民を対象にした初めての水稲栽培研修が開催されている時であった。

　ンドロ自身、農業研修所でも本で学ぶだけで実際にコメが栽培されているところを見たことがなかったから、小さな面積の土地からこれほどの収穫が可能なことに驚き、感動した。参加した住民もみな信じられないという様子。収穫した後にはちょっとしたお祭りになって、みな口々にコメづくりを始めたいと言い出して大層盛り上がったことを40年近く経った今も鮮明に覚えている。

「プロ技」第1号のKADC

　KADCはアフリカにおける最初の農業[14]プロジェクトである。正確にはプロジェクト方式技術協力、略して「プロ技」の第1号である。当時日本の技術協力は、留学生事業、研修員受入、開発調査事業、機材供与事業、専門家派遣事業そしてプロ技[15]に区分されていて、プロ技は専門家派遣、機材供与および研修員受入を一体的に行なう支援形態である[16]。開発調査事業は途上国の各種分野（セクター）や地域の開発計画を策定したり、それらの元となる統計情報や地形図の作成を目的とする協力である。

　戦後、高度成長を果たした日本は順調に貿易黒字を拡大し、G7として並び称されるようになった。その一方、急速な成長は「貿易黒字の独り占め」、「エコノミック・アニマル」として批判や揶揄の的にもなった。国際社会からの要請に応えるために福田赳夫政権は、1978年にODA倍増計画（第1次政府開発援助中期目標）を発表。その後も累次の計画が策定され、1977年に約14億ドルであった日本のODA総額は1987年には約73億ドルに達した。

14）畜産と林業を含まない狭義の農業。

15）ODAの初期には、途上国で適用可能な技術の実証とその実践・普及を担う人材の育成拠点とすることを目的としたセンター型協力と呼ばれた。

16）より成果重視の技術協力事業を推進するため類似の技術協力事業（専門家チーム派遣、研究協力等）と統合されたため、2002年度からは「プロ技」という名称は使われていない。

総額は増えたものの、アフリカ向け支援の割合[17]は1975年以降二国間援助合計の約15％で一定している。1974年までは5％以下であったことからは飛躍的な増加ではあるが、アフリカでこれ以上の事業を展開できるだけの拠点と能力がまだ十分ではなかった。

　ODAのうち主に技術協力を統合的に実施するため、海外技術協力事業団と移住事業団を統合して国際協力事業団（現JICA）が発足した1974年、アフリカには7カ国[18]に拠点を構えるのみ。ケニア以外は海外協力隊事業のために設置されたもので、セネガル事務所が開設された1988年時点でも11カ所に留まった（2022年9月時点では31カ所）[19]。

　現地に赴いて指導する専門家人材は、主に霞が関の関連省庁の公務員が担っていた。戦後復興事業として世銀からの融資を得て行われた愛知用水整備事業、黒部ダム、東海道新幹線建設にかかわった日本の技術者が興したコンサルタント会社は、ODA事業においても一翼を担っていた。その業務は統計調査、地形図作成、資源賦存量の把握、設計業務や開発計画立案といった調査業務に及んだ。

　公務員専門家、コンサルタント専門家、いずれも現地に長期間滞在して指導できる人材となるとそう多くはない。ODAの拡大、そしてアフリカ向け支援の拡大が時代の要請となったが、開発事業に従事する人材の数が制約要因になりつつあった。途上国での開発業務を専業とする人材の育成に国が着手したのもこの頃である。

17）北アフリカを含む。OECD Stat。
18）エチオピア、ケニア、ザンビア、タンザニア、チュニジア、マラウィ、モロッコ。
19）エジプト、チュニジア、モロッコを含む。

図7　アフリカ地域における初期のプロジェクト方式技術協力（農林畜産関係）

分野	国名	プロジェクト名	77	78	79	80	81	82	83	84	85	86	87	88	89	90	91	92	93
農業	タンザニア	KADC		9							3								
		KADP									3							3	
	ケニア	園芸開発計画									12								12
		ムエア灌漑農業開発計画													2				~98.8
	ナイジェリア	ローア・アナンブラ灌漑稲作計画											1						12
	コートジボワール	灌漑稲作機械訓練計画																8	~97.7
畜産	マダガスカル	北部畜産開発計画	11						11										
	ザンビア	ザンビア大学獣医学部技術協力計画 （フェーズ2）								4							7		7
																		7~97.7
林業	ケニア	林業育苗訓練計画									11		11						
		社会林業訓練計画 （フェーズ2）											11					11	
																		11~97.11
	タンザニア	キリマンジャロ村落林業計画 （フェーズ2）													1		1		
																		1~98.1

第2章
サバンナに水田を拓く

ローア・モシ灌漑整備事業

　日本、タンザニア両国政府は、KADC、KIDCプロジェクトの実施を合意した1978年9月、チェケレニ村を含むラウ川沿いに灌漑農地を開発するローア・モシ農業開発事業の実施にも合意した。具体的な設計や経済性の調査を経てマボギニ、ラウヤカティ、オリア、チェケレニの4村に渡る、水田1,100ha、畑地1,200haを造成する総額33億円の融資契約が、1982年6月、日本政府とタンザニア政府の間で結ばれた。アフリカにおける農業部門の円借款としてはナイジェリアのアナンブラ河下流域灌漑事業（1981年10月融資契約締結）に続く第2号。タンザニア向け円借款としては第8号であるが、構造調整プログラムを受け入れて新規融資が困難になる前に承諾した最後の円借款という方が印象的かもしれない。

　施工監理は日本工営、工事は鴻池組に決まり、84年に着工。鴻池組の記録によれば[20]、用意されたブルドーザーは70台。スペアパーツを含め土木機械だけで10億円を超えた。鴻池組の技術者は日本人が延べ30人、タンザニア人が40人、これに加えて地元の下請け企業3社を含め総勢500名が働く一大工事である。鴻池組が直雇した40人の技術者は、3カ月の見習い期間を経て選抜された者たち。見習い期間中は算数、とりわけ測量作業に欠かせない三角関数が教え込まれた。理解度は毎月のテストで確認されるとともに、現場の測量作業でも日本人技術者がつきっきりで指導し、測量機器の使い方からレポートの書き方まで、基礎と実践の両面から徹底的に訓練された。なぜなら、取水堰（しゅすいぜき）から取った水を10km以上先まで延々と広がる水田に行き渡らせるためには、数センチの誤差で均平する必要があるためだ。測量して、灌木を伐開して、比較的肥沃度が高い表土を薄くはいで後で埋め戻すために取りおいて、水路を切って、圃場を形成して表土を戻しながらならす。一連の作業を行うためには重機を完璧に使い

20）鴻池組映像記録「黎明のキリマンジャロ」。https://youtu.be/4chfH4cyF5Q

図8　ローア・モシ地区の灌漑整備事業地区全景

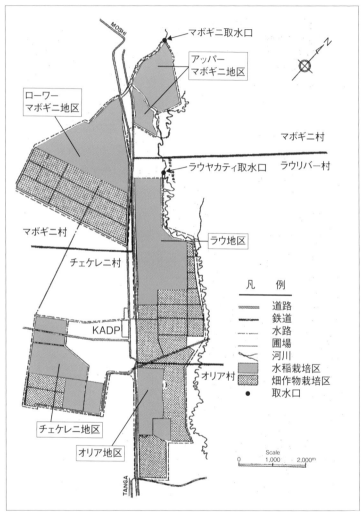

凡　例

　　　　道路
　　　　鉄道
　　　　水路
　　　　圃場
　　　　河川
　　　　水稲栽培区
　　　　畑作物栽培区
●　　　取水口

MOSHI

マボギニ取水口

アッパー
マボギニ地区

ローワー
マボギニ地区

マボギニ村

ラウヤカティ取水口

ラウリバー村

マボギニ村

チェケレニ村

ラウ地区

KADP

オリア村

チェケレニ地区

オリア地区

Scale
0　　1,000　　2,000m

TANGA

出所：JICA（1994）、菅原（1996）を基に筆者作成

46

こなす必要がある。初めは日本人オペレーターが手本を示す。日本人がどのような操作で、どのくらいの精度を出しているのかを見せて、少しずつ現地のオペレーターにやらせていく。荒仕上くらいまでは比較的早く任せられるようになったが、最後の1cm単位の仕上げはなかなか難しい。それでも1年以上もの間、毎日、朝から晩まで続けた結果、現地のオペレーターが一とおりこなせるようになった。

　こんな乾燥した土地に水が通るのだろうかと、初めてローア・モシ地区のサバンナを見た時に不安に感じた鴻池組の日本人技術者であったが、3年間の工事をやり遂げ、1987年5月2日の竣工式典を迎えた。

　ムウィニ大統領が竣工式典に出席すると聞きつけて、地元住民はもとよりモシの街からも市民が集まり、その数は3,000人に上った。

　黒河内日本大使（当時）はその祝辞にて、ローア・モシ地区の事業が他の模範となるべく自助努力により発展することを期待すると述べ、ムウィニ大統領はKADCの指導を受けた農業普及員に、農家を助けて、地区全体で助け合ってほしいと声をかけた。

二期作への不安

　1986年6月、富高元徳はキリマンジャロ空港に降り立った。宮崎県高千穂町の農家の次男に生まれた富高は、大学在学中に、当時盛んになりつつあったアジア・アフリカ研究会に携わるようになった。そこで耳にした途上国支援に興味を持ち、卒業後に海外協力隊に応募。フィリピンに派遣され、家畜飼育隊員として4年間活動した。専門家として最初の赴任先はタイで、農業普及担当専門家として技術協力プロジェクト「かんがい農業開発計画」に従事。KADPは2つめのポストになる。

　KADC計画から継続して派遣されたチームリーダーと業務調整員のほか、灌漑分野2名（施設管理、水管理）、農業機械分野2名（操作、維持管理）、稲作担当と、畑作担当の富高の総勢8名の長期専門家が活

動を開始した。当時富高は35歳であった。

　専門家たちはKADCプロジェクトで検討した灌漑農業技術、とりわけ稲作を、ローア・モシ灌漑地区全体に普及するべく、着任直後から配水計画策定・更新、水管理組織の育成、トラクター耕起の手配や維持管理、グループでの苗代づくりや本田作業の指導などに忙殺された。

　プロジェクト開始当初からの懸案事項は、円借款事業が構想したとおりにローア・モシ地区でコメの二期作はできないかもしれないことであった。水管理専門家を中心に詳細に状況を確認したところ、計画時の想定以上に水田で水が消費されていることが分かった。地下に浸透する量が想定の6倍にも上る場所があったのだ。そのような場所はローア・モシ地区の下流に位置する圃場に多く、水源に近い場所はおおむね計画時の想定どおりであった。開田直後に地下浸透量が大きいことは珍しくなく、作付を重ねれば少なくなるという見解もあったが、期待に反して地下浸透量は一向に減らなかった。KADCで確立した栽培体系に基づき灌漑稲作を行った圃場では、計画想定のhaあたり4.5トンを大きく上回る収量を記録していたが、作付け面積は計画どおりに広がっていなかった。雨期に1,100ha、乾期に800ha、合わせて年間で1,900haの計画に対し、1987年の実績は雨期に413ha、乾期に472ha、合計885haに留まり、農家は不安を募らせていた。

年1.5作なら可能だ

　1987年12月、プロジェクト活動の進捗確認のため調査団が派遣された。調査の終盤、調査団長の地方視察に富高が同行する。夜、食事の席でのローア・モシ地区の水不足に話が及び、団長から何か手立てはないのかと尋ねられた。

　意を決して富高が口を開く。

　「新たな水源が無い現状では1,100haの全体で二期作は不可能。しかし時期をずらせば年に3回の作付けが可能。一度に作付けできる面積は減

るが、現状以上の作付面積を達成できる。農家にとっても2年の間に3回の作付け（年1.5作）の機会となる。年2作には及ばないが、1作しかできていない現状よりは間違いなく良い。ただし、6月から9月の低温期にあたる作期が冷害で不作となるリスクがある」。日本人専門家の間では早くから検討されていたが、二期作を前提とした計画の実現の任を負った専門家からは言い出しにくかった。

　富高は若気の至りと振り返る。二期作ができると聞いていた住民の不満は日々増大するばかりで、計画に固執することが正義なのか、今夜この場

図9　ローア・モシ地区の作付体系

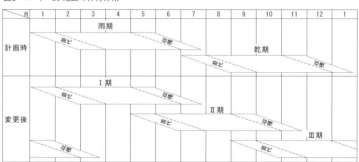

注：生育期間145日（IR54）、苗代期間25日。

表10　新しい作付計画に基づく作付実績（1989〜90年）　　　　　　　　（単位：ha）

ローア・モシ地区	作期	89 I期	89 II期	89 III期	90 I期	90 II期	90 III期
アッパーマボギニ	（180ha）	38	142	38	96	84	69
ローワーマボギニ	（293ha）	161	93	140	133	149	105
ラウ	（283ha）	132	103	134	118	169	90
オリア	（103ha）	37	66	12	58	33	70
チェケレニ	（243ha）	130	113	96	126	118	91
		498	516	419	530	552	424
合　計	1,103		1,434			1,507	

注：小数点以下は四捨五入するため合計が合わない。　　　　出所：菅原（1996）を基に筆者作成

で提起しなければきっと後悔するという思いに駆られた。

調査団長はその場ではうなずくだけで特に語らなかったが、視察から戻った翌日、作業のために視察に同行しなかった他の調査団員、そしてKADPの専門家全員を前にして、「年3作でやってください。団長判断としてお願します」と言った。

リーダーからは「団長に話したんだって」と声を掛けられたが、とがめられはしなかった。リーダーをはじめ専門家全員が吹っ切れた。

1.5作とする案は農家たちに受け入れられ、1988年の作付けから実行に移された。計画には及ばないが、3作の作付面積は1988年に1,300ha、1990年には1,500haにまで拡大した。

研究者の想像を超える収量

ローア・モシ地区を初めて訪れるというソコイネ農業大学の研究者は、KADPの説明をしていたマリー・ムティカがローア・モシ地区の平均収量はhaあたり7トンを上回ると話すやいなや、目を丸くして反応した。

「試験の話でしょう？」

「いえ、農家の圃場で実際に量った結果です」

彼女は胸を張って返答した。そして、生育条件を整えた試験でしか達成できない、全国平均の3倍以上の生産性を普通の農家が上げていることがどれほど異例なのかを実感し、その偉業に自分も携わっていることを誇らしく思った。

マリー・ムティカは1986年7月、キリマンジャロ州に採用された。生家はキリマンジャロの登山口として知られるマラング地区にあり、兄弟姉妹が12人いる大家族の10番目として1961年に生まれる。成績優秀で順調に進学し、高校進学の際は国の奨学金を獲得することができた。23歳の時にタンザニア南部、マラウィとザンビアとの国境沿いのムベヤ州ウヨレ市にある農業省所管の農業研修所で、作物生産のディプロマを取得した。

　当時のタンザニアの公務員は、自分の出身地方には配属されないことが通例だった。それにも関わらず彼女が生家のあるキリマンジャロ州に配属されたのは、農業省の人事担当の勘違いだろうと彼女は笑う。なぜなら、ムティカ姓の人はマラウィやタンザニア南部に多く、そのために彼女が南部出身だと思い込んだのであろうと説明してくれた。「まだ独身だったし、実家の近くで働けるのはとてもうれしかったわ。質問して配属先が変更になると嫌だから確かめたことはないけれどね」

　ムティカは3月から新たに始まった技術協力プロジェクト（KADP）の一員に加わった。KADPはキリマンジャロ農業開発センター計画（KADC）の第二段階として、ローア・モシ地区で働く農業普及員や農家に広く農業技術を普及し、定着させるのが狙い。前年9月には、チェケレニ村の北側に位置するマボギニ地区に円借款で整備した230haの水田でコメの作付けが開始され、ローア・モシ地区で本格的な水田稲作が始まる記念すべき年であった。

　農業研修所で2年間学んだばかりで、実務経験は全くなかった。作物生産の農学的なことは学んだけれども、農家をどう指導すればよいかは教わった覚えがない。ましてや灌漑稲作は農家個人ではなく、コミュニティの取り組みも必要となる。日本人専門家に教えてもらいながらいろいろな活動をするうちに、普及の仕事が面白いと感じるようになった。

　KADPが日本人専門家の指導のもと実施した研修は次表11のとおり。[21]

　季節を経ることに、農家のコメづくりに取り組む姿勢が変わっていくことを感じた。研修に参加する農家は誰の目にも分かるほどに真剣だ。そして、コメをつくりたいと希望する住民は日々増えていった。

　事実、ローア・モシ地区でコメづくりに携わる人が増えていた。

　円借款事業が始まる前、1980年代初期のマボギニ村の人口は3,000人

21）1991年から1993年までのフォローアップ期間は、日本人専門家チームは体制を縮小し、稲作に関しては耕種基準の改訂や展示圃を通じた技術展示に留めた。

表11　KADPプロジェクトの研修実績

分野	稲作	畑作	灌漑	農業機械	合計
回数	6	5	7	8	26
参加者数	128	92	87	166	473

出所：堀端（1993）を基に筆者作成

ほどであったという。それが1995年には4,100人、1999年には6,000人へと増加した。マボギニ村はローア・モシ地区が利用する水源があるところで、一部の住民が湧水地近くの湿地で、伝統的なやり方でhaあたり2トンと、細々とコメづくりをする程度だった。ローア・モシ地区の中で最もモシ市街に近いために、マボギニ村の住人はモシで働いて現金収入を得ていた。それが、街で働くのを止めてコメづくりに専念する者が続出したのだ。KADPが実証するやり方で聞いたことのない量が獲れ、メイズの2倍の値段で売れることが知れ渡るようになったからだ。

水争いから流血騒ぎも

　灌漑稲作が爆発的に広まったことを喜んでばかりもいられない。ローア・モシ地区内の圃場を入手できないマボギニ村の住民が、ローア・モシ地区の水源の近くで自主開田を始めたのだ。自主開田した者たちにはローア・モシ地区に与えられているような公式な水利権は付与されていないが、土地所有・利用の面では違法性を必ずしも問えない。役所に届け出れば、先に利用申請した者がいなければ利用が認められる。その場所が湿地であったり、近くに小川があった場合、それら水資源の利用に特に規制はない。

　マボギニ取水堰が設置されているンジョロ川は、数カ所の泉からの湧水を水源としている。1年を通して流量は安定している。湧出量が大きい2つの泉のうち1つは、上流部で湧出量の大部分が消費されてしまっている。もう1つの泉からの水も水門がなく、常時解放された多数の堰から取水されている。マボギニ取水堰の上流では、かつては50haほどの面積で雨期に在

来品種を栽培していた程度であったが、KADPの協力期間が終了する1993年までに400haでIR54を年2回栽培するようになり、その後も拡大し続けている。

　ローア・モシ地区のもう1つの水源であるラウ川にあるラウ取水堰の上流も同様で、かつては年1回、雨期に在来品種が250haの規模で栽培されていたものが、雨期に800ha、乾期でも600ha以上にまで拡大したと見積もられた。ラウ川はキリマンジャロ山から流れ出ているが、モシ市近郊で取水されてしまい乾期にはローア・モシ地区までは到達しないこともある。ラウ取水堰はその上流にある湧水を頼りにしていたが、上述のとおり水田の拡大により全量取水されてしまい、わずかな伏流水等が流れ込むに過ぎなくなった。これとマボギニ取水堰の越流分でラウ地区、オリア地区、チェケレニ地区の水需要を賄わざるを得なくなった。

　この結果、ローア・モシ地区の作付面積は1990年以降減少に転じた。これら上流部での作付年面積はローア・モシ地区のそれをしのぐほどになった。

　日本人専門家やKADP職員（キリマンジャロ州の一部門）はローア・モシ地区に許可された水量の確保についてキリマンジャロ州の行政長官にま

マボギニ取水堰の上流部に広がる水田（1997年撮影）　　　　　提供：JICA

で申し入れたが、水源近くでの水利用を制限したり新たな開田の阻止に州政府が実行力を発揮することはできなかった。近代的な概念である水利権と慣習的な自然資源利用制度との間の不整合から表出した問題である。

業を煮やしたマボギニ地区の住民が、ローア・モシ地区の配水スケジュールを無視して分水ゲートを操作し、これを知った下流地区の住民と争いになり、投石や自動車の窓ガラスが割られ、そのうちに流血する者も出る騒ぎに発展した。

稲作がもたらした変化

KADPの専門家は新たな水源の開発を検討した。キリマンジャロ山からの伏流水は豊富であるから、調査によって新たな水源が見つかる期待を持っていた。しかし、構造調整プログラムのもとで緊縮政策を行っているタンザニア政府には、水源開発事業を実行する資金確保の見通しが立たなかった。日本政府にとっても財政健全化に取り組んでいる最中のタンザニアに対し、新たな融資を行うことは難しいことであった。その結果、下流の水田では2年に1作しかコメの作付ができなくなり、やむなく雨期休耕田で補給灌漑のもとメイズが栽培されるようになった。

そのような状況にあっても、灌漑稲作は、ローア・モシ地区の最下流に位置するチェケレニ村にも正のインパクトをもたらした。

1980年代初期に1,000人ほどであったチェケレニ村の人口は2,600人（1995年）、4,500人（1999年）と急増した。マボギニ村と比べたチェケレニ村の特徴は2つある。

1つは、チェケレニ村がモシから遠く交通の便も悪いために、モシで職につく者は多くなく専業農家がほとんどであったこと。畑作が中心で稲作の心得があった住民はほとんどいなかったために、ローア・モシ灌漑地区が整備され水田が割り当てられても、他者に圃場を貸し出して地代を得ることを選択した者が多かった。灌漑稲作は確実な収穫があると聞いても（降雨

に頼る不安定な）畑作と大差ないと考え、稲作に投資するよりも地代収入の方がより安全、安定的であると判断したのだ。1987年のKADPの調査では調査対象農家が保有する水田のうち22％が貸出されていた。しかし、4年後の1991年に同じ農家を調査してみると貸出された水田の割合は7％にまで低下した。稲作の収益性が広く知れ渡ると自ら稲作に乗り出す農家が増えた点はマボギニ村と共通する。

　もう1つは、非農業部門従事者（モシでの勤め人）が減ってコメ専業農家が増えたマボギニ村と対照的な変化が起きたこと。チェケレニ村では非農業部門の自営者が増えたのだ。特に果物や魚、地酒など食料品の販売を始める者が増えた。もうけが見込めるほどに、チェケレニ村の消費水準が上昇したことの証である。

「ジャパーニ」で一攫千金

　一見するとコメづくりに意欲が無いと思われるかもしれないが、ローア・モシ地区ではコメづくりに必要な作業の多くを自家外の労働力に請け負わせている。KADPが調べたところ、その割合は75％にも上った。表12のとおり、女性だけではなく子供にもできる仕事で、一筆あたり1作に合計70人日、ローア・モシ地区（1,100ha）で、少なく見積もっても25万人日の雇用を約4カ月間で創出した計算になる。

　ローア・モシ地区の中に水田を持っていない住民も、農作業を請け負うことで新たな収入源を得た。水田を持つ世帯でも、手が空いている時間に他所の家の作業に従事して稼ぎを増やしている。稲作が仕事を生み、地域経済を活性化したのだ。

　KADPが終了する頃、ローア・モシ地区のコメ農家はコーヒー農家が1年間で得るのに匹敵する利益[22]を1作で手に入れていた。これは一筆の話

22）コメの販売収入（粗収入）から生産費（粗収入の約4割）を除いた粗利益。

表12 ローア・モシ地区における一筆(0.3ha)あたりの雇用労働力

作　業	1作あたり雇用数
前作収穫後に繁茂した雑草の除去	4 人日
苗代つくり	1 人日
水路清掃	2 人日
圃場清掃	2 人日
田植え（苗取り含む）	6 人日
除草（田植後、2回）	8 人日
肥料散布（2回）	2 人日
薬剤散布（3回）	3 人日
鳥追い	30 人日
収穫（脱穀含む）	12 人日
合計	70 人日

出所：菅原(1999)を基に筆者作成

で、平均的なコメ農家は二筆を経営し、年1.5作の作付けができた場合には利益は3倍となる計算。公務員の平均年収と比較しても2倍以上という破格の金額。コメはキリマンジャロ州の代名詞であるコーヒーを上回る換金作物となった。

　一攫千金を求めてコメづくりを始める人が殺到し水争いが引き起こされてしまったが、専門家たちにとって喜ばしいでき事もあった。1992年10月、チェケレニ村の農家が土水路をコンクリートでライニングする工事を完成させたのだ。その延長は30km、かかった費用は9,000万シリング以上という。この年のタンザニア公務員の最低賃金（月給）が5,000シリングであったことを考えると途方もない金額である。いかに稲作で生活が豊かになったからといっても1つの村で簡単に賄えられるものでもない。しかし、貴重な灌漑用水を少しでも無駄にしないために自ら真剣に考え、今日の出費をいとわず村の将来に投資することを選んだ姿に、KADPの専門家たちは「自助努力」の萌芽を見た。

　1996年のローア・モシ地区とその周辺（ローア・モシ地区外）でのコメ

チェケレニ村の農家が自主的にライニングした水路(左)とローア・モシ地区で見かける土水路(右)
出所：堀端（1993）

の作付面積はキリマンジャロ州全体の1/3以上を占めるまでに広がった。モシの市場でコメの銘柄を尋ねると「ジャパーニ」と返ってきた。IR54といった品種名ではなく、ローア・モシ地区で作られたコメを指すという。日本の支援があったから「ジャパーニ（日本）」らしい。

　いつの日からか、「Asante Japan（ありがとう日本）」の文字が描かれているバスが複数モシの周辺を走るようになった。深い意味はないのかもしれないが、農家ではない人でも感謝の気持ちを表したくなるほど、ローア・モシ地区の変化はキリマンジャロ州に知れ渡るようになった。

第3章

キリマンジャロからタンザニア全土へ

全国の稲作事情を調査

　1994年、KADCの入り口の看板がKilimanjaro Agricultural Training Centre（KATC）に変わった。キリマンジャロ州の一部門であったKADCは、農業省管轄の研修機関として位置づけられた。農業省の研修機関はMinistry of Agriculture Training Instituteの略であるMATIと所在地を名称としていた中で、MATIを冠していないKATCは異彩を放っていた。[23]

　キリマンジャロ州の経済社会開発を実現する手段として始まった低地サバンナ地帯における稲作振興協力は、その支援の対象をタンザニア全国に広げた。キリマンジャロ州では20年にわたって活動し、コースト州バガモヨ地区での灌漑稲作支援も1986年から行っているとはいえ、タンザニア各地で行われている稲作事情について把握しているとは言い難い。

　KADPがローア・モシ地域にもたらしたインパクトを他でも再現したいというタンザニア政府の期待は大きく、経済状況が上向く兆しが見えない中で極めて切実なものがあった。この期待に応えるには日本側も気を引き締め直す必要がある。そう考えたJICAは、KATC構想の要請を受けて、まず2カ月間をかけてタンザニア全国の稲作事情を調査することとした。

　調査が行われた1993年当時、国民の60%が米食者、国民1人あたりの消費量は40kg程と推定されていた。コメの消費量が多い国は他にもあったが、消費量は増加傾向にあった。これに呼応して生産量も既に過去10年間で2倍以上の伸びを記録していたが、需要を満たすには至らず毎年輸入されていた。マクロの需給事情から、稲作の市場性、経済性はタンザニア各地でも期待できるように思われた。実際、当時の農業省が策定し

23）歴史的経緯から独自の農業行政を行っているザンジバルを除く。ザンジバルではザンジバル農業天然資源省傘下のKizimbani Research and Training Station が農家や普及員向けの短期研修を実施しており、1998年にはKATI（Kizimbani Agricultural Training Institute）に改称され、Certificate コースを開設。2019年7月にはザンジバル大学（State University of Zanzibar）と統合、同学の農学部（School of Agriculture）として再編された。

た農業畜産マスタープランにおいては、コメの研究が最優先事項の1つに位置付けられている。

シニャンガ、モロゴロ、タボラ、ムワンザの各州は、コメが盛んに栽培されておりコメどころとして知られていた。これらに次ぐのがムベヤ、ムトワラ、コースト州。2カ月の調査期間内に可能な限り稲作現場を見て回るべく、調査チーム一行はダルエスサラームを発った。進路は北に向かい、タンガ、モシ、アルーシャを訪問。アルーシャで折り返し、南部のマラウィ湖畔にあるキエラ灌漑地区を目指した。その後、ムベヤ、イリンガ、モロゴロを経由して一旦ダルエスサラームに戻った。ここまでで1カ月。移動距離は3,000kmを超えた。農業省との打ち合わせや資料収集を済ませ、再び現場視察に向かう。

今度は、北西ビクトリア湖畔のムワンザを目指した。キリマンジャロ山、観光地としても有名なンゴロンゴロ・クレーターを眺め、セレンゲティ国立公園を通り抜ける。これだけで広島から東京を通り仙台に到達する距離に相当する。ムワンザからはシニャンガ、タボラ、シンギダに立ち寄りながら、タンザニア中央部のドドマへと進む。さらにはダルエスサラームから出ているフェリーに乗って、ザンジバル島内の灌漑稲作地区も視察。後半の移動距離

図13　調査の行程

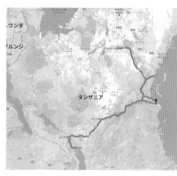

前半　　　　　　　　　　　　　　　後半

も3,000kmを超えた。

多様な灌漑システム

　日本で灌漑施設というと、ローア・モシ地区に建設されたようなコンクリート
で造られた取水施設（頭首工）や水路を思い浮かべるが、このような灌
漑施設はタンザニアでは近代的灌漑システムと定義される。このほかに、伝
統的灌漑システム、改良伝統的灌漑システムがある。伝統的灌漑システム
とは文字どおり、農家が在来の簡易な手法で暫定的な取水を行っているも
の。また、一部の水路や取水堰をコンクリート等で強化したものを改良伝統
的灌漑システムと呼ぶ。「人為的な制御のもと耕地へ水を供給する」という
本来の灌漑の定義とは厳密には合致しないが、季節河川や河川の氾濫水
を利用するウォーターハーベスティング（water harvesting）、洪水灌漑
（flood irrigation）、低湿地（lowland swamp）も灌漑方式の一種とみな
されている。

　富高とタンザニア農業省職員からなる調査チームは12の稲作現場を訪
問したが、その状況は極めて多様だった。ダルエスサラームに比較的近い
モロゴロ州には、ダカワ国営農場を始め近代的、改良伝統的灌漑システム
が多い。タボラ州には近代的灌漑システムであるムワマプリ灌漑地区があ
るが、主力は伝統的灌漑、改良伝統的灌漑システム。ムワンザ州はウォー
ターハーベスティング方式が多い。ビクトリア湖からポンプで揚水している灌
漑地区が2カ所あるが、高い電気代が理由で湖水利用は進んでいない。
ムベヤ州内で最大のコメどころ、キエラ地区は洪水灌漑。近代的灌漑シス
テムに区分されるムブユニ地区は、中国の支援で整備された国営農場だ。
ムトワラ州における稲作はほとんどが低湿地で行なわれていた。

　ローア・モシ地区や、日本による支援で灌漑施設整備、栽培指導、水
利用組織の強化を行ったヌドゥング灌漑事業地区を除き、比較的水利施設
の整備水準が高い国営農場などで、収量はhaあたり3.5 ～ 4.5トン、灌漑

施設の整備水準が低いところでは2トンに満たなかった。

　訪問した先では担当する普及員（VAEO）が調査チームを出迎えてくれ、栽培している品種、田植えの時期、収量などの一とおりの生産情報を聞き取ることができた。しかし、コメの栽培における技術面の問題やその解決策、あるいは今後の普及指導目標や具体的な活動計画などについて、明確に整理している者に出会うことはなかった。

　それというのも、VAEOは農政の末端組織職員として作物生産、畜産、灌漑、農業資材、市場調査、農業統計など広範な業務を課せられている。このため技術指導や農民の生産組織の育成などの普及活動に専念することは困難な状況にあり、農家指導は広く浅いものになってしまっていた。

　VAEOは、MATIが開設している就業前研修コースと再訓練研修コースで、作物栽培や普及手法を学ぶ。稲作については20時間の穀物栽培セッションの中で、稲の起源、分布、国内の栽培状況、品種（在来、改良）の特性、栽培方法などが教えられているとのこと。合計で4、5時間ほど（再訓練研修コースの例）だ。実習は、一部（水利）条件に恵まれたMATIを除きほとんど行われておらず、ほぼ座学かつ理論的な内容に終始していた。

　研究面では、キロンベロ農業研修・研究所（KATRIN）が国営灌漑事業地で独自の適応試験を実施。若干の農業試験場（ARI）が、例えばイロンガARI（モロゴロ州）、ウキリグルARI（ムワンザ州）、ナリエンデレARI（ムトワラ州）、北欧諸国の支援で設立され、MATIウヨレならびにウヨレARIの前身であるウヨレ農業センター（ムベヤ州）で、品種試験や農家圃場での実証試験が行われていることが確認できた。このほか、ソコイネ農業大学、ダルエスサラーム大学でも農業関連の研究が行われていたが、その研究結果は普及員の指導力向上にあまり結びついていないようだった。

コメ以外の作物については、さまざまなドナーによる支援がタンザニアで行われていたが、コメに関しては1993年にIRRIが始めた東南部アフリカ研究者を対象とした研修機会のみ。モロゴロ州キロンベロ県イファカラにあるKATRINは、ドイツの支援を得て設立され、タンザニアの稲研究の中心的役割を担っている。しかし研究予算や人員の面で大規模な投資が必要で、施設も老朽化が進んでいる。20人が泊まれる宿泊施設は1980年から使用されていない。

普及の方向性が見出せない

このような環境で、自分の担当する地区の稲生産をさらに発展させるために、どのような普及活動を行うべきか、VAEOが方向性を見出せていないこともやむを得ない。

出会ったVAEOは口々に最新の稲作技術を学びたいと言った。富高はこれを普及現場で役に立つ知識を身に付けたい思いの表れと理解した。

農業普及には2つの側面がある。1つは作物栽培、すなわちコメづくりの過程で農家が直面する障害をいかに排除するかを農家に伝達すること。いわば治療的な活動である。もう1つは、稲作を経済活動として捉え、農学的技術にとどまらず経済的あるいは社会的な視点からコミュニティを診断し、問題の構造を発掘して住民（農家）の力で解決できるように誘導すること。いわば教育的な活動で、普及員と地域社会との関係づくりなど自然科学の知識以外の素養も求められる。

当時のタンザニアの農業普及は、前者すらも満足に行えているとはいえなかった。富高は、KATCが灌漑稲作について治療的な側面はもちろんのこと教育的な側面も取り扱うことで、KATCを設立する意義と比較優位を確立することができるとの考えに至った。

施設はKADPまでに整備、使用していたもののうち、本館、寮、倉庫・

収穫後処理棟、トライアルファームをKATCに移管した。しかし肝心のスタッフはいない。6つある研修室に合計50名のスタッフの配置が構想されたが、灌漑稲作について訓練をうけたのはKADPから移籍した7名のみ。ンドロとムティカも移籍した。

　初代KATC校長には、ダルエスサラームの農業省研修課に所属していたMr. R.Jシャヨが就任した。彼は2カ月の準備調査のすべての行程に同行した人物で、日本側の考えに最も多く触れていた人物であった。また、稲作研修長が南部ムベヤ市にあるMATIウヨレから、水管理研修長がビクトリア湖畔ムワンザ市の灌漑地域事務所（水資源省の管轄）から、普及研修長が中西部タボラ市にあるMATIトゥンビから配置転換。各人水田稲作について一から学んでもらうだけではなく、新たな人生をモシで始めることになった。

農家ができることを教える

　KATCには、ローア・モシ地区を良く知る富高が継続して参画した。稲作専門家としてまずスタッフに求めたのは、トライアルファームでコメづくりを実践することだった。富高は自分でコメをつくれるようにならないといけないと口酸っぱく言っていた。知らない者が教えられるわけがないからだ。同時に難しいことは必ずしも必要ではないとも確信していた。自身の幼少時代、高千穂の農村の記憶は大人になった今も覚えている。農家に伝えるべきは大事なポイントだけでよい。シンプルなほど記憶に残る、と。

　サブサハラ・アフリカでコメの収量が低い要因ははっきりしている。1つは「水不足」。より正確には、単なる量の問題ではなく、稲が生長している期間に安定的に灌水できていないこと。次に「地力不足」。必ずしも化学肥料である必要はないが、とにかく土中に不足している栄養素の補給が十分に行えていない。そして「農薬不足」だ。優良な（異種が混じっていたり病気にかかったりしていない）種子といった投入財の利用が少ない。とりわ

け除草剤が使えないため、ただでさえ少ない土壌養分が雑草に横取りされ、稲の生育に回る分がさらに減っているのだ。無いものを嘆いてもしょうがない。平均的な農家が保有する農具は、鍬4本、鎌1本、ナイフ2本、パンガと呼ばれる山刀1本という程度[24]。貯金はほとんどない。この現状を前提に、限られた資源しか持っていない農家でもできること、そして農家がやれると思えることを見つけなければならない。

登熟の揃った稲に育てる

　研修で伝えるメッセージの中心は決まった。「登熟の揃った稲に育てる」こと。登熟とは穀物の種子が発育することを表す技術用語であり、農家にそのまま伝えることはしない。稲穂がたわわに一斉に実り、田んぼ一面が黄金色の絨毯を広げたように見える風景がゴールだ、と伝えるのだ。

　登熟を揃えるために「品種を揃える」「種子を揃える」「苗を揃える」「田んぼの均平度を揃える」「栽植密度を揃える」といったことを伝える。栽植密度を揃えるためには、「苗を植える間隔を揃える」「直線に揃えて植える」ことを学んでもらう。

　これらは自分の田んぼで自分だけで行えることだが、「揃える」仕事はこれに留まらない。適量の水を適期に自分の田んぼに引き入れるためには、限られた水を無駄なく秩序よく水路に通さないといけない。故に同じ水路を利用する田んぼのオーナーには、代掻きや田植えといった「作業のタイミングを揃える」ことも学んでもらわねばならない。

　「揃っている」かどうかは分かりやすい。揃っていないことは一目で分かる。均平が不十分だと、水を張ったときに浸からない部分が湖に浮かぶ島のように水面から飛び出す。その部分を指差して「あそこをならさないといけないね」と言えば農家もすぐに理解する。

---

24) KATC フェーズ1で行った中核農民に対する調査結果。

図14 トンボ（手押し均平板）

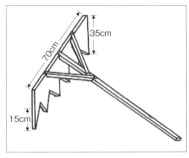
出所：TANRICE（2013）

提供：KATC2（n.d.）

　ちなみに均平もタンザニア農家には馴染みのない作業である。「田んぼを平らにするのだよ」と伝えると、大概は水の張っていないカラカラに乾いてカチカチに固まった土塊に鍬を振り下ろす。砕いた土の塊を同じ鍬で掻いて低い場所に持っていく。とてつもない重労働で時間もかかる割には、全くといっていいほど均平にならない。KATCでは「水を張ると土が柔らかくなって楽だよ」「水の働きで水平にもなるよ」「こんな簡単に作れる道具（図14）で早くならすことができるよ」ということを実演して、農家にも実感してもらう。

　栽植密度についても同様。「20株／m²」とは科学的に正確な表現ではあるけれど、どうやればこれを実現できるのか、自力で答えを見つけることができる者は多くない。農家が理解できなければ実践できない。指導、農業普及としては正しいアプローチとはいえない。それよりも、20cmごとに印をつけた紐を25cm間隔で田んぼの上に張って、印の場所に植えるのだよ、と伝える方が良い。

4つの核心技術

　農家にこれだけは覚えて欲しいと願い、KATCの研修で伝えているコメ栽培の核心は、畦畔造成、田面均平、若苗直線植え、簡易な器具によ

る除草。

　少し解説をすると、畔畔造成とは大きな田んぼを小さく区切ること。ロー
ア・モシの1区画は0.3haだ。平均的といわれる農家が耕作している1エー
カー（約0.4ha）は、小学校のプール（25m×12m）13個、バスケットボー
ルコート（28×15m）10面分に相当する。タンザニアの典型的な一筆の大
きさでも60坪ほど（0.02ha）。これだけの面積を水平にならすのがどれほど
難しいか想像していただけるだろうか。小さく区分けすることで水平を取りや
すくなる。仕切る畔の分だけ水田面積が減るが、それを補って余るだけの
増収効果がある。

　簡易な器具とは手押し除草機。金鋸くらいはタンザニアの田舎にもある
のでどこでも作ることができる。腰を屈めて小さな雑草を一つひとつ抜き取る
ことに比べれば、押しながら株間を歩くだけで済む手押し除草機は画期的。
直線植えと相乗効果を発揮する。雑草が目立たないうちに行うのがミソ。だ
から頻繁に行わないといけない。除草剤を使えば良いと言うのは簡単。買
う余裕が（まだ）ない農家の手元に今ある材料、資源（労働力と時間）
を賢く使うのが適正技術。雑草の弊害と除草の効果を理解すれば農家は
強制されなくても自ら取り組む。

手押し除草機
出所：KATC2(n.d.)

意識改革もカリキュラムに

研修で扱う技術項目の選択以上に強く拘ったのは、研修が終わってからのこと。KATCで提供する研修の第一のターゲットは県の農業普及員である。受講後に担当する地域の稲作の改善にこの人が必要だと上司や農家から認められ、頼りにされる人材になるためにKATCで学んでもらうべきことは何か、そう考えて意識改革的な要素もカリキュラムに取り入れた。

普及員を対象とする稲作コースはKATCが最初に開発したコースで、3つの要素に大別される。研修が始まってすぐに、受講者は自分が担当する地域の稲作と農業普及の状況について発表する。そして灌漑稲作技術の座学と実習を行う。座学では灌漑農業機械化、住血吸虫症やマラリアといった水因性感染症、栄養も扱う。研修中盤には、ローア・モシ計画事業地や他の州の灌漑事業地等の視察や訪問が行われる。終盤にはKATCのあるチェケレニ村近隣で農村調査を実践し、それを基にした稲作普及計画の立案演習を行う。

受講者が灌漑稲作の知識を習得するだけではなく、研修の先にある普及業務がいかに効果的なものに変わるかという点を見据えているのである。

それぞれ少し詳しく説明する。

研修当初に勤務地域の稲作と農業普及について事前に作成し持参した報告書を発表し、他の参加者やKATCの教官と質疑応答を行う。各回の参加者は20名。稲作事情が比較的似ていると思われる州を3つ組み合わせ、7回の研修でタンザニア全土、20州とザンジバルをカバーする。20名の発表それぞれについてディスカッションするために2日間を費やす。後に続く講義や実習の理解度を高めるためにも、まず現状や課題について整理するのは非常に大事。そもそも冠婚葬祭以外でめったに国内を移動（旅行）したことが無い人たちなので、他所の地域の話はそれ自体貴重な情報であり、刺激になる。3日目からは講義と実習が始まる。稲作研修だけではなく、普及研修室が2日間、水管理研修室と農業機械研修室が1日ずつ

担当。農業省の稲研究者には研究と普及のリンケージと農家の関与について2日間、熱帯農薬研究所には水因性感染症対策の講義と血液検査や検便、検尿、農薬の適正利用について2日間の講義を受け持ってもらった。

　視察ではキリマンジャロ州の東隣りのタンガ州や南方にあるモロゴロ州にまで出向き、ローア・モシ地区以外の灌漑事業地、農業試験場、ソコイネ農業大学を訪問した。KATCに戻ると研修の仕上げの段階。研修が終わってからの各自の稲作普及計画の立案に取り組む。ローア・モシ地区で

生活の中心に水がある　　　　　　　　　　　　　提供：富高元徳

ローア・モシ地区の視察
中央の女性がMs.ムティカ。その右隣がMr.ンドロ　　　　　　　　提供：富高元徳

　勤務している現職普及員に地区内のコメ農家視察に同行してもらう。この普及員から事前に得た情報を踏まえて、研修受講者がチェケレニ村のコメ農家に稲作状況、灌漑、農民組織、市場など多岐にわたる事柄について聞き取りを行う。これはローア・モシ地区の稲作事情の学習機会であるとともに、普及員としての実践能力の訓練の場でもある。

　受講者は聞き取り結果を踏まえ、望ましい普及活動はどのようなものか考える作業に移る。普及活動の立案には3日間を充てている。JICA本部でも導入が始まったばかりのロジカルフレームワーク（ログフレーム）やプロジェクト・サイクル・マネジメント（PCM）手法を活用した。村に住む人々の構成（参加者分析）と稲作発展を阻害している要因（中心課題の設定と問題分析系図の作成）に多くの時間を割き、受講者全員が深く理解するように心がけた。発想力が求められる活動計画の検討（目的分析）は小グループに分けるなど、受講者の学びを深めるための配慮も必要である。

　そして受講者がプロジェクト・デザイン・マトリクスの様式にまとめた普及計画の一つひとつについて、KATC教官も交えて議論する。

「展示圃場を作る」「水路の維持管理作業を行う」といった一見無難そうにみえる活動が発表されるのだが、「栽培展示の場所、水の確保は大丈夫か」、「必要となる資材や費用は誰が負担するのか、できるのか」、「普及員本人や担当農家が続けられるのか」といった実現可能性の確認に始まって、「マトリクスにおいて水平、垂直のロジックに飛躍はないか」、「見落としている前提条件は無いか」といった質問にも及ぶ。なぜこの活動を提案したのかを説明することは、自分が担当する地域の稲作を発展させるうえで灌漑稲作の基本技術のどの部分がより有効かを考えることに外ならず、結果的に研修内容を復習する機会ともなっている。

農民と普及員が一緒に研修に参加する

45日間にわたる稲作コースの締めくくりは中核農民コースの案内だ。開催時期は半年から1年後、それまでの間に研修で作成した普及計画書を実践すること、その過程で普及活動を行っている村の開発に協力し合えると思う農家を3名選抜すること、そしてこの3名と一緒に再びKATCで研修を受講してもらうことを説明する。

研修で学んだ灌漑稲作技術を村内に広く伝え、村全体で成果を享受し、明るい未来の鍵を握る大事な農家ということで、「中核農家（Key farmer）」と呼ぶこととした。

普及員に中核農家とはどういう農家だろうと尋ねると、頼られる農民、技術のある農民、先進技術に興味のある農民、読み書きができる農民、健康な農民、正直な農民、自分の農地（水田）を所有している農民、知識を他の農民に伝えることができる農民、ある程度資金を持っている農民、などの答えが返ってきた。

KATCの教官からは、普及員が勤務している地域の稲作改善に共に取

25）当初38日間で始めたが、第3回目から普及計画書作成演習・発表を丁寧に行うために1週間延長して45日間になった。

り組む意欲を持った農民であること、普及員だけではなく村人や村のリーダーも信頼する農民であること、身内ではないこと（自分の配偶者や兄弟が選ばれることがある）、といったコメントがなされる。稲作コース修了者を核とした灌漑稲作が普及するかどうかは、中核農民コースに参加する農民の資質、そして選ぶ普及員の使命感・倫理観に大きく左右される。

普及員と農家が一緒に研修に参加することは、KATCプロジェクトの準備段階で農業大臣が直々に「KATCでは農民の研修も行うように」とするなど、早くから検討の俎上に上っていた。

KATCプロジェクトの実施に関するタンザニア側との協議記録にも、「研修は、まず農業普及職員に実施し、研修を受けた普及員は中核農民（コンタクト農民）数名を引率して農民研修のアシスタントの役目を果たす。中核農民の研修は、農民の見聞と経験を広め、地域における灌漑稲作普及を容易にすることが期待される。灌漑稲作の普及は、ただ単に圃場における生産技術だけではなく、灌漑施設の維持管理や農民組織の育成が必要であり、特に中核農民研修では、このような運営的な視点が重要である」と、普及職員と農民の合同研修について示唆しているが、具体的な事はプロジェクトの活動を通じて決定することとされた。

しかし、合同研修方式は必ずしもすんなりと採用に至った訳ではなかった。

普及員を対象とした稲作コースが開始されたのが1995年9月、プロジェクトが開始されたのが94年7月。初めの1年間は教官となるKATCスタッフの訓練とコースのラインナップ、カリキュラム、実施時期・回数などの検討に費やされた。合同研修の是非もトピックの1つであった。

「この国では普及員と農民は一緒に研修を受けない」「上手くいかない」という発言が、主に教官側から出た。教育水準や社会的地位の違いがその背景にあると思われた。

・誰が参加する農民を選定するのか（KATCが全国の農家を把握して

　適任者を選ぶのは不可能）

・遠方の農民がKATCまで来ることができるのか（長距離バスに乗った
　ことが無い人だってたくさんいる）

・研修を受けた農民をどのように活用すべきなのか（自主性に任せるだ
　けで良いのか）

といった細々とした、けれども欠かせない運営上の課題を一つひとつ、教官と日本人専門家とが一緒になって、想像し、解決策を考えていった。

　中でも農民に集合日時をどうやって伝えるかという問題は悩ましかった。農家がいる集落に固定電話はほぼ通っていない。普及員を通じて連絡する場合も県のオフィスに電話することになるが、普及員が都合よくオフィスに居るとは限らない。FAXを送って用件を残そうとしても（専用の）印刷用紙やインクリボンが切れていたり、停電でFAXが動作しなかったりすることは日常茶飯事である。

　そもそもKATCのあるチェケレニ村にも電話線が通っていない。電話とFAXは、モシにあるKADC時代に無償資金協力で建設した建物の中の一室を利用するしかない。モシ事務所とKATCとの間は無線で連絡していた。

　日本人専門家もJICAタンザニア事務所（以下、JICA事務所）との連絡はFAX。電子メールが日常的に使われ始める前のことである。稲作コース期間中に中核農民研修日程を普及員に伝え、普及員に中核農家を選んでもらう。経験のある普及員と一緒に行動すれば確実に移動できるだろう。移動を含め普及員と農民が同じ時間、経験を共有することで関係が緊密になり、それは村に戻ってからの普及活動にプラスに働くだろう。こうして、普及員と農民を一緒に受講してもらうことの合理性についての共通理解が、KATC教官と日本人専門家の間で形成されていった。

研修参加手当を巡って

　タンザニア側と日本側との間でなかなか折り合わなかったこともある。それは研修参加者に支給する手当だ。手当を払わなくては研修内容の良し悪しに関係なく問題が起こるという。他のMATIでは授業のボイコットも起きていた。

　交通費、滞在費、研修資材費といった実費の支給だけでは研修が成り立たない、というKATC教官たちの言い分はそれなりに説得力があった。政府職員が給料では生活できず兼業公務員となっている事実の裏返しで、研修参加手当は兼業部分への配慮の意味合いもあるのだろう。研修に参加したら手当がもらえるというのは常識になっているようだ。

　だが、そうしたことを日本側は本末転倒だと戒めていた。

　とある稲作コースの最終日前日、中核農民コースの説明の場で、「普及員から中核農民への研修参加手当は、引率する普及員への手当と違うか」という質問が出た。

　普段はKATCの教官に対応を任せている富高であったが、この時は黙ってはいられなかった。

　「この国にも研修参加手当よりも、知識見聞を広げることに興味を持つ者は多いと確信している。手当を期待する農民は参加する必要は無い」

　タンザニア政府は当時、厳しい国家財政の再建の一環として実際の税収入をもとに支出予算を決定していた。1997年4月4日付の新聞は「毎月納税収入は平均で7,500万ドルに過ぎず、その4割ずつが借金返済と30万人の公務員の給料に使われ、残り2割が事業に回されている」と大蔵大臣の報告を伝えている。

　1986年にIMFの構造調整プログラムを受け入れて以降、極端な緊縮財政運営を強いられていた。初等教育や保健医療分野は独立初期の重点施策であったが、今や教員や医療従事者がストライキを行っている。公務

員は薄給の割に税金はしっかり徴収されている。ンドロやムティカなど
KATCの同僚たちの生活は苦しくなっていくばかり。この頃の公務員の給
与は大卒30代で4〜5万シリング。平均的家族が1カ月に必要とされる10
万シリングにはほど遠く、多くの公務員は農業などで家計を賄わなければ生
活が成り立たなかった。

　人件費ですらこの有様であるから、農業研究、研修そして普及に割け
る予算は微々たるもの。普及員の能力が向上しても果たして活かされること
はあるのだろうか。通信事情が悪いために研修の直前まで、出欠確認や
事務連絡を延々と続ける羽目になる。手間はかかるが良い仕事をするため
に必要な作業。しかしやる方もやらせる方も相当のエネルギーを費やしてい
るのも事実。KATC事業の意義を充分理解しながらも、仕事への取り組み
と生活費確保の間で忙しい日々を送り、仕事に情熱を持つことが容易では
ないタンザニアの公務員たちと、技術移転や能力開発という時間と根気を
要する仕事をやり遂げられるか。日本側の正義は必ずしもタンザニア側の正
義とはならない。新聞から切り取った1枚の写真に目をやる。「Do not lose
hope, No condition is permanent」の文字が車の後ろに大きな字で描か
れている。

　最終的に中核農民コースを引率する普及員に当時のレートで300円の日
当を払うことで決着した。日当は払うが、代わりに石鹸やトイレットペーパーは
支給せず、参加手当から各自が購入してもらうこととした。また、1日3食は
保証するが午前と午後のお茶も自己負担とするなどささやかな抵抗をした。

ムエア灌漑地区を視察

　研修参加手当の議論も一段落した95年8月末、富高ら日本人専門家と
KATC教官たちはケニアのムエア灌漑地区を訪問した。

　ムエア灌漑地区はイギリス植民地政府が開拓した入植地である。ケニア
山の麓に肥沃な土地が広がり、近くには豊富な水量の河川があり、水源の

確保も容易な農業生産に絶好のロケーションである。標高が高い（1,100～1,200m）こともあり、独立前の1957年には稲作が始められた。1963年の独立後もムエア地区での稲作開発は国家事業として継続され、コメ作付面積は1957年時点2,000haから30年間で約5,900haにまで拡大した。

日本の協力の端緒となったのは、当時既に老朽化が進んでいた灌漑施設の改良にかかる調査[26]（1987-88）。この結果に基づき無償資金協力（1989-93、総額約28億円）の供与と、水田稲作に係る技術移転を行うための技術協力の実施が決定。1991年2月から技術協力「ムエア灌漑農業開発計画」が実施されていた。気候風土や言語、そして水田稲作に関する技術体系の確立と当該地域内への普及という目的は、ローア・モシ地区でKADPが取り組んできたことと多くの共通点がある。

このような近隣国の類似プロジェクトと交流することは、カウンターパートにとっても学びが多い。同じ話でもいつも一緒にいる日本人から聞くよりも他所の日本人専門家や何より隣国の同僚から聞く方が何倍も刺激がある。日本人専門家にとっても純粋な技術だけではなく、技術協力・カウンターパートの能力強化というさまざまな側面で得るものが大きい。

ムエア・プロジェクトとの意見交換をしている中で、KATC教官が「研修の参加者に知識のほかに何を与えますか？」と質問した。ムエア・プロジェクトのカウンターパートは質問の意図が飲み込めなかったようで即答できなかった。富高が「タンザニアでは研修というといくらの参加手当をもらえるかが関心事なんだけど」と補足すると「知識以外には何も与えません」との返答。教官たちはやや罰の悪そうな表情をした。

「中核農民コース」が始まる

すったもんだがありながら中核農民コースの開始の日を迎える。

26）フィージビリティ・スタディ。

　舗装道路といっても穴ボコだらけ、長距離バスはかなり年季が入っていて故障は日常茶飯事、時刻表は無いようなもの。そんな交通事情や移動中に連絡の手段などないタンザニアで、研修初日に参加者が全員揃うことは珍しい。

　けれども蓋を開けてみると、中核農民コースの参加者はほぼ全員が集合日に揃った。稲作コースには集合日に遅刻した普及員の方がむしろ多いくらいなのに、引率する番になったら遅刻するグループはほとんどない。

　中核農民コースのガイダンス時に農民の旅費を先払いしてほしい、そうではないと農家は来られないという声があったけれども、前払いは一度もすることなく皆やってきた。中には、KATCまでの交通費が工面できない農家のために普及員が金策をし、立て替えをしてこの農家を連れてきたケースもあった。

　さらには出発する時に発生した洪水のせいであちこちの道路が寸断されながらも迂回路を探し数日かけてやっと到着したグループ、出産を経て乳飲み子を伴って農家を引率してきたママさん普及員などの姿を見ると、価値観の違いに戸惑い長く時間を費やした準備の苦労が報われる思いが込み上げてきた。

　「20年前にこんな研修を受けさせてくれたらもっと楽しい人生を送れただろうに」と、嬉しい声が上がった中核農民コースは、基本的には稲作コースと同じ内容を扱う。

　ただし長く家を空けられない農家への配慮、稲作コースの4倍の参加者を（普及員1名に対し3名の中核農家）受け入れる必要があること、けれどもKATCのベッド数には制約があり開催コース数を増やす必要があるといった事情から、研修日数は12日間と大幅に短縮せざるを得なかった。

27）途中から1週間延ばして19日間とした。

講義と実習の時間数が大幅に削減されてしまう分、引率する普及員には朝夕の空き時間を使ってグループ内で補足説明（自習）をお願いした。

　どちらかと言えば苦肉の策という側面の方が強かったが、それが逆に普及員と中核農民の絆を強くする効果をもたらしたようだ。

　約半年から1年前に稲作コースに参加した普及員にとって、中核農民コースは一度学習したことの反復の機会でもある。稲作知識、技能に自信を深め、グループのリーダーとして振る舞うことで、知識の定着と農家との関係性の両方が強化されるという好循環が生まれたようだ。

沈んだ籾は良い籾だ

　中核農民コースの運営は農業普及研修室が取りまとめている。ンドロとムティカが所属するセクションだ。

　まずはグループディスカッションから始める。保有している土地について、稲の種類、作り方、水田の準備の様子、肥料の利用度、除草、灌漑、水利組織の様子、年に何回作付けするか、裏作の状況、収穫した籾の扱い（売り先、自家消費分との割合）といったことをお互いに発表しあう。同じ州からやって来てはいても、出てくる答えはかなり違う。自分が行っていることが当たり前ではないことを知って驚く農家は多い。驚いてもらえたらしめたもの。農家の好奇心がくすぐられたからだ。

　実習も、参加者にとって驚きの連続である。

　ある日の実習。今日は田植え用の苗を準備する実習。水の入ったバケツを持った教官が、おもむろに塩を入れ始める。

「生卵が浮くくらいの濃さの塩水にします」

「このくらいで良いはずです」

　そういいながら教官は卵をバケツに入れる。静かに水面に浮かんできた。

「おぉ」「浮いた浮いた」

　農家の反応が良くて教官も上機嫌になる。

　「ここで種籾を入れます。さて、どうなるでしょうか」

　何人かの手が挙がっている。

　「普及員さんは答えを知っているから農家さんに答えてもらいます」と教官。笑いが起きる。

　「浮く」と農家。

　「さぁどうでしょうか。見てのお楽しみ」　さながら手品を披露するマジシャンのような口ぶり。

　籾を投入して手でぐるぐるとかき混ぜる。

　しばらくすると水面に浮きあがってきた籾と沈んだ籾に分かれた。

　「外れた」「沈んでしまって駄目だ」というつぶやきが聞こえる。

　待ってましたとばかりに教官が解説する。

　「沈んだ方が良い籾です」

　農家が驚きの声を上げる。

　「浮いた籾は捨てます」

　農家は再び驚く。

塩水選　　　　　　　　　　　　　　　　　　　出所：TANRICE（2013）

毎月田植えを行っているKATCの圃場　　　　　　　　提供：大泉暢章

　「浮くのは中身が十分に詰まっていないから。中身が足りないということは種の中の栄養が足りていないということ。だからこのまま蒔いても芽が出ないか、発芽しても健康な苗には育ちません」

　農家が一斉に大きくうなずいたり、テキストに何かを書き込んだりし始めた。伝わったようだ。

　この日の実習は種蒔きまでを行って終了。このほか代掻き、均平、田植え、施肥などの実習も行う。12日間で水田稲作のすべてを学んでもらう。KATCの圃場には生育ステージの異なる稲が育っている。これは1年を通して開催されるすべての研修コースの参加者が稲の一生を観察できるようにとの考えから。このためにKATCの圃場では毎月どこかの区画で田植えが行われている。[28]

<hr />

28）防鳥ネットが囲われたこの区画を整備したもう1つの狙いは低温障害の発生を確認するため。KADPの時に導入された年3回の作付け体系のうち第Ⅱ期の生育が最も懸念されていたのだが、KATCフェーズ1プロジェクトおよびそれ以降の期間を通じて深刻な低温障害の発生は確認されなかった。

稲作普及計画づくりで締めくくる

　中核農民コースの仕上げは、稲作コースと同様に稲作普及計画の作成と発表。普及員がかつて作成した計画を参考に、普及員と農民が共同で作成する。普及員だけのものから中核農家3名を交えたグループの普及計画へと進化することを意味する。

　目的と手段の因果関係にそってまとめるログフレームを使った作業。農家にとっては全く馴染みのない体験で、思うように議論が進まない。頼りにしていた普及員だがすっかり忘れてしまっている者も多いので、農家を交えた演習を始める前に普及員だけを対象にした補習を挟むこととした。

　因果関係の適切さやロジックの正確さに注意が向きがちになるところをぐっと堪え、活動が実行に移されるよう期待を全面に出したコメントを心がける。グループで作業している間はスワヒリ語で行われているので、日本人には普及員が英訳してくれるまでどんな議論になっているかは正確には分からない。何やらたくさん書き込んでいるようなので教官にそっと聞いてみると、むしろシンプルな内容だった。スワヒリ語の単語、熟語が多くないから文が説明調になるのだと分かった。

　KATCの文字が入ったお揃いのTシャツと帽子とともに修了証書を受け取った農家は、満面の笑みを浮かべている。

　農家と役人が机を並べて一緒の研修を受けることに懸念や疑念が呈された合同研修であったが、普及員からは賛成する意見が多かった。タンザニアの農業普及行政は機能していないとの見立ては、システム全体としては的外れではないのかもしれない。しかし、だからと言って普及員が無能である訳でもない。農家を訪問指導する頻度が少ないからと言って、普及員が農家から信頼されていない訳でもない。厳しい状況におかれながらもできることに取り組み、農家との関係を構築していることは、中核農民コースの実施を通じて見て取れた。極めて少ない日数の研修をやり遂げられたのは、住まいから遠く離れたキリマンジャロ山の麓での長期滞在という非日常の興

図15　中核農民コースで用いた稲普及計画のマトリクス

活動の要約 Mchanganuo wa mpango wa elimuna ushauri kwa ajili ya kilimo cha mpunga	進捗確認方法 Utekelezaji na ufuatiliaji	他の必要条件 Mahitaji mengine muhimu kwa utekelezaji
普及目標 Sababu muhimu za elimu na Ushauri		
期待される普及成果 Mategemeo ya matokeo ya utekelezaji wa mpango wa elimu na ushauri		
普及活動 Shughuli mbali mbali za elimu na ushauri na utekeleza ji wake	普及活動のための投入・コスト Pembejeo/gharama za utekeleza ji wa shughuli mbali mbali za elimu na ushauri	
		前提条件 Mambo muhimu ya kuzingatia ili kupata mafanikio

注：スワヒリ語訳はムティカによる。

奮も手伝ったであろうが、昼夜を共にし何気ない会話を通じて農家の疑問に答えてくれた、普及員の存在のお蔭に外ならない。（もちろんKATCの研修生が視察に来ていると聞きつけて、隣村からわざわざKATCでもらった帽子にTシャツ姿で訪ねてきて、後輩研修生と熱心に意見交換し、大きな刺激を与えてくれた先輩農家の貢献も忘れてはならない）

　協力事業の目的や意義の解釈次第で、事業のターゲットも活動も異なった設定になる。稲作技術を扱う研修活動でいえば、より広いエリアをカバーすることを優先するならば普及員だけを対象にして、より多くの県から参加者を募るのが得策だろう。増産を現場で実現して見せることを重視するならば農家を直接指導する方が手っ取り早い。

　KATCでは、そうしなかった。

　農家だけを研修する場合、研修後に農家が困った場合に頼れる存在がない。そればかりか普及員や県という公式な任にある存在をないがしろにし、農家と普及組織の関係を悪化させかねない。

　普及員が利用できる資源は非常に限られていて、普及員に展示圃を作りなさいと勧めても「土地を借りる資金が無い」「展示圃を準備・管理させる人を雇えない」「種や肥料を買えない」という状況に直面するのは明らか。普及員だけを研修しても農家の収穫量に変化が生じるかは心もとない。ならば農家が持っている農地で、農家が購入する種や肥料、農家が普段行っている作業そのものを農業普及に利用するほうが、普及活動の実践（短期の目標）と普及成果の発現（将来的な目標）の両方に期待が持てる。

　アルーシャから来た農家は、水田の区画の大きさを揃えれば水管理や施肥を一様に行える、やることがシンプルになれば迷うことや間違いを減らすことができ収量増加につながると習ったので、研修後すぐに一緒に参加した普及員に協力してもらって畦畔を取り払い区画の大きさを揃えた。そして期待どおり収穫量が増えたと連絡してくれた。

　他の地区からも同様の報告が届く。

　とある灌漑事業地の責任者が「研修がこれほど有効だとは思っていなかった」と話すのを聞いて、農家と普及員が一緒に研修に参加するKATCオリジナルの合同研修方式が確立したとKATCの全員が胸を張った。

表16　研修対象の違いの得失

ターゲット	普及員のみ	農家のみ	同時に研修
協力期間でカバーできる地域数	多い	どちらもありうる	少ない
研修後の普及員と農民の連携	変わらない	弱まる	強まる
稲作の変化の可能性	ある	ある	より高い

出所：富高（1999）を基に筆者作成

収量を増やした農家が続出

　5年間の協力期間も残すところ半年を切った1999年1月、終了時評価が行われた。125名の普及員が稲作コースに、428名の農家が中核農民コースに参加したほか、水管理や他のコースの受講者を含めた800名超の研修修了者を輩出したこと、また合同研修方式の有効性を評価した。しかし、研修の波及効果を見定める必要があるとして協力期間を2年間延長する提言をした。

　1999年7月から2001年6月までの延長期間中は、タンザニアスタッフに基本研修コースの実施を一任して、日本人専門家は受講済み普及員や農家が研修参加後にどのような活動を行ったのか追跡した。訪問の機会に受講者の指導能力の向上と農家どうしが協力して現場で問題解決ができるよう、受講者を中心とする他の農家への現地研修会も併せて開催。17県を訪問し、約1,200の普及員と農家の参加を得た。

　モロゴロ州キロンベロ県ムソルワ村から参加した農家は、KATCで学んだ直線植えでIR54を栽培した結果、それまで1エーカーの圃場で15袋[29]しか取れなかったが25袋[30]に増えた。違う受講済み農家も、2エーカーの圃

表17　KATCフェーズ1で実施した基本研修の最終実績

研修コース名	対象者	回数	受講者数
稲作	普及員、専門技術員	9	164
中核農民	稲作農家	18	504
水管理	灌漑技術者	7	123
トラクターオペレーター	トラクターオペレーター	5	45
その他※		9	100
合　計		48	936

※KATCが独自に請負って実施した研修は含まない。

29）一袋80kgとして1,200kg。ha あたり3トンに相当。
30）ha あたり5トンに相当。

場から15袋を収穫していたものが35袋に増えたそうだ。その様子を見て、それぞれ5人と10人が教えを請いに来たと誇らしげに語った。

　キロンベロ県ミチング村は小さな診療所が一軒あるだけの村で、無電化村のために約5km離れた隣町まで行って精米しなければならないが、雨期に300haほどの作付けが行われている。この村の受講農家も収量が2倍以上に増加していた。この村に住んでいる普及員は6袋の収穫が20〜25袋と大幅な増加を記録した。村の他の農家に真似してもらおうと展示圃場を作ったところ、300人が学びに来たという。実際に真似をした農家も2〜3倍に収穫が増えたと満面の笑みを見せた。

　KATCの研修の評判が広まるにつれて、KATCに農家研修の依頼が増えていった。[31] 相変わらず農業省からの配賦予算は増えず、逆にMATIに自主財源を確保しろと通達される状況。他のMATIのように広い農場で作った農作物の販売収入が期待できないKATCにとっては光明だ。

　ただし、研修受講後の技術の波及は喜んでばかりいられない状況だ。
　中核農家や普及員は研修で学んだことを実践に移してはいるが、他の

表18　主な農業研修所（MATI）の規模

研修所名	所在州	分野	総面積	寮の能力	設立年
ムリンガノ	タンガ	農業機械、営農	798 ha	120名	1970
ムトワラ	ムトワラ	農業一般	560 ha	148名	1974
テンゲル	アルーシャ	園芸、畜産、家畜衛生	388 ha	368名	1952
ウキリグル	ムワンザ	農業一般	275 ha	260名	1939
イロンガ	モロゴロ	農業一般、栄養、食品	175 ha	261名	1972
ウヨレ	ムベヤ	作物、畜産	51 ha	500名	1975
KATC	キリマンジャロ	灌漑稲作	19 ha	40名	1994

出所：JICA（2000）を基に筆者作成

31）1998年に初めて研修を受託。KATCフェーズ1が終了するまでの3年間で22コースを実施した（参加者合計462名）。

農家には必ずしも伝わっていない事例の方が多かった。研修に参加していない農家を交えて報告会や勉強会を組織している村、田植え用の苗をグループで栽培したり農業資材を共同で購入したりする村は、中核農家以外にも推奨した技術が取り組まれていた。

　この違いを生んでいる原因は何であろう。いくつか傾向が見えてきた。中核農家の選び方に関係があるようだ。稲作コースの最中に望ましくないと例示されたにも関わらず、自分の親戚を中核農家として選ぶ普及員が一定数いた。女性農家の参加を促すと自分の妻を選ぶ普及員もいた。モラルの一言では済ますことができない何か背景がありそうだ。村と一概に言っても共同体意識の希薄さと知識の共有の度合い（低さ）は相関がありそうだ。

　技術面でも場所場所で異なる課題を研修中に取り上げきれてはいない。できるだけ自然条件、栽培環境が似通った地域が同じ回に参加するような配慮はしたけれども、初めて水田稲作を学ぶ者のことを考えると、研修内容は基本的、基礎的事項が中心となる。広大なタンザニアの多様な自然社会環境下での応用には、各人の試行錯誤とそのための時間が不可欠である。

　それでも何もない状態から具体的な成果を挙げるまでに到達したこと、そして研究面においてもタンザニアの稲作振興に貢献したことをタンザニア政府は評価した。引き続き多くの稲作地域がKATCの指導を受けられるよう希望し、後続プロジェクトの実施を日本政府に要請した。2001年3月には農業省が初めて自らの予算にて稲作中核農家向け研修をKATCで行うことを決定。キリマンジャロ州の23名の農家が参加した。

　KATCフェーズ2プロジェクトは、各地の実情に即した事項を教授すること、参加者だけではなく参加者が属する灌漑スキーム、コミュニティへの技術波及を視野に入れることにより注力するものとして、2001年10月に開始することが決まった。

第4章

逆風が吹く

援助効果への疑問と援助協調

　ここで、当時の途上国援助をめぐる国際論調について簡単に触れておこう。1995 年、世界社会開発サミット（World Summit for Social Development）がコペンハーゲンで開催された。グローバリゼーションの進展とともに世界全体で産出される富は増大したが、先進国・途上国を問わず貧富の差が拡大し、貧困ライン以下で暮らす人が増えたと警鐘を鳴らした。「途上国援助、ODA の額を増やすだけではなく問題解決のアプローチを変えよう」「これまでの援助が成果を挙げなかったのは方法論に問題があったからだ」といった問題提起、新しい取り組みの発表が、国際社会で次々と行われるようになった。

世銀改革と貧困削減戦略書

　1999 年 1 月、ウォルフェンソン世銀総裁が「包括的な開発フレームワーク（CDF）」を発表。援助を受け取る途上国政府と国民自身のオーナーシップと、それを踏まえた開発アクター（ドナー、NGO など）との幅広いパートナーシップの重要性を提唱した。援助の思うような効果が上がらず、逆に重債務国に陥る国が多発した 80 年代。1991 年のソ連崩壊にともなう冷戦の終焉は、途上国支援の外交的重要性を低下させ、自国財政がひっ迫していた西側先進国はこぞって援助量を抑制・削減し始めていた。アメリカにおいては連邦議会で国際開発庁（USAID）の解散を真剣に議論していた。そのような中で 1997 年に起こったアジア通貨危機は、それまでの世銀の仕事の成果のみならず、その存在意義にも疑義を呈し始めていた。世銀は自己改革の必要に迫られ、打ち出したのが貧困削減アプローチである。それまでの構造調整プログラムに対する批判を踏まえ経済成長に加えて各種社会開発指標も統合的に改善するというものである。

　途上国に貧困削減戦略書（PRSP）の作成を求め、その実現に向けて世銀リソースを供与するという建付け。これはいくつかの国で先行していた

セクターワイドアプローチ（SWAPs）の考え方を拡大したものと考えられる。とりわけ基礎医療や教育部門でドナー間の調整、連携が図られていたものが、PRSPの導入をきっかけに各ドナーの案件形成や実施に制約を課すほどに進展していった。

プロジェクト型援助からプログラム型援助へ

　援助協調の主たる論点に「調和化」がある。ドナー国・機関がそれぞれ独自の方法で援助を供与し、その進捗をモニタリングすることにより、援助を受け入れる途上国側に高い取引費用が発生する。行政能力の低い国では政府高官が異なる援助手続きに忙殺されてしまう。しかも、途上国政府の全体方針との整合性のない断片的なプロジェクトが乱立する。断片的なプロジェクトは限定的な成果しか上げられず、途上国政府方針と整合しない。ということは、経常予算の手当が無く限定的な成果ですら持続性が無くなるという悪循環を生み出すという問題意識である。

　この問題を克服するためには援助の手続きを簡素化、共通化するとともに、経常予算を含めた政府予算全体の管理を適正化することが望ましい。こうしてプロジェクト型からプログラム型援助への移行、財政支援やコモン・バスケット[32]に対する資金供与、調達や各種レポーティング、監査の共通化、援助のアンタイド化などが次々と提唱されていった。

タンザニアで広まる急進的な議論

　タンザニアでは、"ヘレイナー・レポート"[33]として知られる1995年の「タンザニアと援助ドナー間の開発協力に関する独立アドバイザー・グループの報告」をきっかけに、PRSP策定プロセスに先行して援助協調の動きが始まっ

---

32) 各援助国、援助機関が拠出する共通基金。途上国政府と各援助機関が協議のうえ、使途・事業を決定、実施する。バスケット・ファンド、コモン・ファンドとも知られる。

33) Helleiner et al., Report of the Group of Independent Advisers on Development Cooperation Issues between Tanzania and its Aid Donors, 1995

ていた。これをリードしたのは北欧諸国とイギリスであった。いずれも独立直後からタンザニアを積極的に支援していた国であり、タンザニアの指導者や知識者にはダルエスサラーム大学や海外留学でヨーロッパと深いつながりを持つものが多いことも、タンザニアでの援助協調の議論が熱を帯びた要因と考えられる。

　1999年には、財政支援やコモン・バスケットを望ましい援助方式と結論づけるタンザニア支援戦略（TAS）が、タンザニアと一部ドナー（Like-minded countriesと知られる）との間で策定された。2000年にはPRSPが策定され、翌2001年には農業セクター開発戦略（ASDS）が策定された。TASにおいてタンザニア政府はプロジェクト型援助を否定していないが、初等教育セクターではイギリスや北欧諸国の強い意向で「コモン・バスケット型の援助しか認めない」という急進的な議論が席巻していた。アフリカは歴史的な経緯からも西欧ドナーの存在感が大きく、またHIPCイニシアチブ適用国が多いためにマクロ経済に関する議論が頻繁に行われていたこともあり、プロジェクト型援助を中心的形態とする日本型協力が排除されてしまいかねないという危機感が、現場の専門家から東京のJICA本部そして霞が関の間に広く漂い始めていた。

声の聞こえる援助を

　日本政府は70年代終盤から5次にわたるODA倍増計画を策定し、1991年にはアメリカを抜いて最大のODA供与国となった。一方で援助受入国や国際社会からその量に見合った評価が得られていないとの声も高まっていた。バブル景気が終わり、現在まで続く低成長に時代が移っていた時であった。厳しい財政状況下でより効果的、効率的な援助を求める声が増していた。日本のODAの意義と重要性を内外に一層理解してもらうことを例えて「顔の見える援助」という言葉が生まれた。初めてのODA大綱の策定（1992）、参議院政府開発援助等に関する特別委員会の創設

（1996）もこの頃である。

　納税者に対する説明責任を果たすため、戦略性や事業効果の測定と発信の強化に取り組んでいる間に上述の援助協調の議論が沸き起こり、「日本の援助の良さを分かってもらうという受け身では不十分だ、もっと積極的に声を上げなければだめだ」という考えが生まれた。具体的には、日本型援助の余地を確保するために最前線に飛び込んで、内側から援助協調の議論に影響力を行使すること。「顔が見える援助」から踏み込んだということで、いつしか「声の聞こえる援助」として喩えられるようになった本方針は、タンザニアの農業セクターで実行に移されることが決まった。アフリカと歴史的に長い関係を持つうえに舌鋒鋭い西欧ドナーを向こうに回すとなれば、少しでも地の利が欲しい。95年時点の供与額がトップになったこと、また、ローア・モシ地区での成功をはじめとする日本の農業協力がタンザニア国内で広く認知されていることが選ばれた理由であった。

農業省とドナーの板挟みに

　タンザニアでの援助協調プロセスの専任として、花谷厚が2002年2月にJICA事務所に着任した。PRSPを補完するASDSが2001年10月にタンザニア政府によって作成され、これを具現化するための5カ年計画、農業セクター開発計画（ASDP）の作成が始まったところであった。

　タンザニア政府は自らが主導したいとの意向。ドナー側はそれを尊重する姿勢を基本としつつも、やり切るだけの能力があるか懐疑的でもあったが、とりあえず1月下旬にASDPの最初のとりまとめ方針案がタンザニア政府の作業チームから提示された。早速2月にはドナー会合（FASWOG）が3回、ASDPにおける資金動員に関する分科会（FAG）が13回、その他個別会合が連日行われ、内容の検討が行われた。20日間の営業日のうち会合が開かれなかったのはわずか6日しかなかった。

　検討の結果、2002年3月にタンザニア政府が作成したASDP枠組み文

書案に対して一部ドナーが不満を表明。政府とドナーとの間では、当初 7 月からの翌予算年度に実施経費を積むことに合意していたことから、この時期に至ってドナーが受入れに難色を示したことに政府側は大いに反発を示した。これに対しドナー側は、これまではなかった新たな話として、ドナー側としてプログラムを受入れるにあたってアプレイザル（審査）が必要であると反論。アプレイザルとは、政府側が作成した文書の技術妥当性をドナーが雇用した外部のコンサルタントにより検証し、必要があれば内容の改訂を提案するというものである。その作業には数カ月を要し、これを行えば当然 7 月から始まる翌予算年度の実施には間に合わないことになる。

　一部ドナーによるこの審査要求問題は、当初の想定にない後出し要求で、当然タンザニア政府としては受け入れがたい話である。日本としては、タンザニア政府の立場に共感したものの、ドナーグループの代表としてはドナーの声を代表しタンザニア政府に審査の実施を申し入れなければならなかった。ドナー側要求を農業省次官に伝えると、ドナー各国からは日本の役割を評価する声が寄せられたが、当然のことながらタンザニア側からは「不満分子」の一味とみなされた。上記申し入れを行った会議の終わりに議長の農業省次官から日本も名指しで批判され、険悪な雰囲気のまま会議は閉会となった。状況打開のために農業省からは改訂のポイントと審査の手順、タイムラインの提示を求められたが、審査を強く主張した一部ドナーは具体的なアイデアを提示できなかった。やむを得ず花谷が中心となって一案を作成し、それに基づき審査のためのコンサルタント調達手続きが始められた。しかし実際にこの審査作業を実行する外部人材の調達が不調に終わると、審査を言い出した当のドナーは「そもそも短期での審査など不可能であり、タンザニア側のいうスケジュールは気にする必要はない。本格的な見直しを行って、徹底的に書き直させるべき」と言い始めた。1 ドナーの発言であったものが、次第に他の主たるドナーも同調するようになり、農業省とのドナーグループの溝は埋まるどころか広がる一方。最終的には財務

大臣が仲裁に乗り出した（2002年5月）。仲裁案はASDPの全面的な見直しを国連の農業専門機関であるFAO投資センターに委託して実施する一方、見直し作業の完了を待たずに、優先プロジェクトを2002年7月からの2002/03会計年度で並行して実施に移すというもの。ドナー側もこれを受入れ、一旦は手打ちとなった。結局この改訂作業は2003年3月まで1年弱続くのだが。

　財務大臣の仲裁で一難去ったと思ったのも束の間、新年度に入って間もなく8月には新たな頭痛の種が芽を吹いた。事は、ASDPの実施を統括・調整するための「ASDP事務局」という新しい省庁間協議機関をどこに設置するかという問題。ASDS、ASDPが関係する農業省、協同組合省、水・灌漑省、首相府地方自治庁、財務省の中から、タンザニア政府は農業省に事務局を置くとの決定をした。これに対し、「農業省では道路、土地、税など農業省の肩幅を超える課題について十分な調整を行えないのではないか」「セクタープログラムが将来にわたって高い政策優先度を獲得するためには、事業官庁では推進力に欠けるのではないか」との懸念が呈され、ドナーとして首相府次官のもとに事務局を設置する提案をすることとなった。数度のやり取りを経てタンザニア政府からやはり農業省で最終決定する旨が伝達されても、欧州ドナーは承服せず。財務省次官に掛け合おうという意見まで出たが、日本は儀礼上農業省次官とまず面談するべきと説得した。本件に関心のあるドナーが参加するという了解のもとアレンジした会合の当日、あれほど拘っていた3ドナーは欠席。立場を同じくする1ドナーを自分たちの代表として代わりに参加させるという。国連等の場面で採られる棄権という手法で、出席という行為自体が外交的に得策ではないと判断した模様。表向きの理由は会議室が手狭、少人数の方がフランクに話せるであろうとのこと。

　本件に拘泥するドナーにほとほと疲れたのか、農業省次官は淡々と突き

放すように次のように述べた。

「どうもドナー側には自分（次官）に対する不満があるようである。もし自分が満足にASDPの調整を取れない人間だという判断であれば、だれか適任者を連れてくれば良い。来週に予定されている会議で決着をつけてもらいたいので、ドナーのみなさんには今からでも財務省に行って協議してもらいたい」

取り付く島もないまま面談は終了し、翌週、タンザニア政府、ドナーが一堂に会するASDPの進捗を確認する定例会議を迎えた。農業次官との面談後、花谷は政府決定を受け入れざるを得ないこと、もし他ドナーが財務省にさらなる協議を持ち込む場合には日本は同行しないことを伝えていたが、これらドナーがどのような対応を取るか気が気ではなかった。

会議にて「事業官庁間で調整困難な事態があった場合には首相府が調整の任に当たるので、事務局は当初の決定どおり農業省に設置する」ことが説明され、ASDP事務局役は農業省が担うことが決議されたが、（拘っていた）ドナーは特に反応しなかった。先週までの拘りはどこへ行ったのかと鼻白む思いと、ようやく事態が収束した安堵する入り混じった思いが沸き上がった。この件で1カ月半が費やされた。

花谷の回想：タンザニア農業セクタープログラム
支援の中心で分かったこと

　2000年代前後の現場での実践を通じて、セクタープログラムの考え方とは、「単一で共有された政策枠組の策定、複数年に渡る支出枠組の策定、資金供出（政府自身と援助国による拠出の両方）およびモニタリングと評価を、援助受入国政府が主導する関係者間調整のもとで実施するプロセス」と整理されるようになった。

　この整理に基づくとセクタープログラムに関与、貢献するということは、次の5つの領域で支援を実施すると言い換えることができる。

　1）政策枠組の策定支援

　2）支出枠組の策定支援

　3）資金供出の支援

　4）モニタリングと評価の実施支援

　5）1）から4）について援助受入国政府が行う関係者間調整の支援

セクタープログラムの概念図

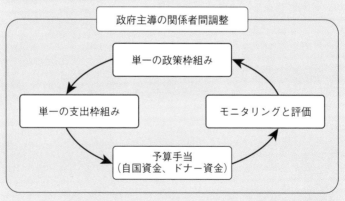

出所：JICA（2005）

　3）における資源（資金および現物の両方）を除くと、基礎的調査、コンサルティングの実施、意見調整（根回し）、ロジ支援（日程調整、会議室手配、視察の移動手段の確保など）がここでいう「支援」の大宗を占める。

　タンザニアの農業セクターでは、花谷をはじめとするJICA事務所所属の直営人材と、「タンザニア国地方開発セクタープログラム策定支援調査」をJICAから請け負った開発コンサルタントチームが担った。本文で紹介したのは、政策枠組たるASDPの策定初期段階における関係者間調整の支援である。

　コモン・バスケットに限定されない、多様な援助方式が行える余地を確保するとの援助協調（セクター・プログラム）プロセスに関与する目的は、ASDP枠組み文書の改訂作業を請け負ったFAOやIFADなど、タンザニア農業セクターで存在感があるアクターがコモン・バスケット方式に対応できないために、比較的早い段階で達成することができた。

　むしろ日本と日本以外のドナーとでより大きな隔たりがあったのは、行政（パブリック・セクター）の役割に対する思想であった。

　ASDSおよびASDPでは優先的に資源を投下するべき農作物、品目の言及はない。これは「市場競争を通じて、市場競争力がある品目（加工品）が決まってくる」「市場競争力がある品目が何であるかは市場が決めるべきものである」という発想に基づくものである。

　これに対し日本がこれまで行ってきた農業支援のアプローチは、いくつかの戦略品目を特定し、それぞれの市場競争力、収益性を高めるための施策を考えるというもので、全く異なる。日本的（タンザニアもこれに近い）な発想は、戦略品目を決める、決まれば生産目標（量や金額）が決まり、作付面積や肥料などの投入量、品質や加工度、機械化の必要性などが

順次に導出されていくという手順を踏むもの。日本以外のドナーにとってこのような発想は、旧来型で受け入れ難いものと一般的に映っていた。自由競争による経済活動を是とする考えと、民間企業における経営手法を公的部門に適用して行政サービスの効率化を目指すニュー・パブリック・マネジメント（NPM）（あるいは新自由主義）の考え（動き）が、欧米で進んでいることと無縁ではない。故に、政府の役割とは市場メカニズムを機能させることであり、それは規制や税制の合理化、流通インフラの改善、各種情報の提供、基礎的な研究といったものに限定すべきという主張につながる。

日本でもNPMに通ずる取り組みはこの頃始まったばかり。独立行政法人制度の創設が決定（中央省庁等改革基本法が成立）したのが1998年6月、関連制度の整備期間を経て最初の独法が誕生したのが2001年4月（JICAの独法化は2003年10月）。政策評価制度が導入されたのは2001年9月（「行政機関が行う政策の評価に関する法律」が公布）であり、花谷や日本の援助実務家はもとより、日本国内にもタンザニアで起こっている議論に貢献可能な知見の蓄積が十分にあったとは言い難い。

地方分権制度に関しては、地方交付金のような使途が特定されていないブロックグラント、特定されている事業ベースの開発予算という構成は日本にも共通点を見出せるが、複数年度にまたがる予算計画の立案・支出管理は日本の地方公共団体に実例がない。あるいは、異なる公的組織はおろか非政府組織を巻き込んだ共通で単一の計画作りとその実践は、日本にとって極めて理念的なものとしてしか捉えられていないものであった。

ASDP策定プロセスのファシリテーターとして一番の苦労は、発言力の大きいグループの思想に共感していないと自他共に認める花谷が、実証的な裏付けがいまだない対立する主張をいかに集約するかにあった。

苦難にも関わらず事務局役を下ろされなかった理由は；

- 雑務を引き受けた（欧米ドナーは口は上手いが手は動かさない。議事録やペーパーのドラフトを買って出た）。
- 他ドナーはおよそ現場を知らない。農業のことも知らない。（技プロを通じた農家の生の声、実情について情報を持っている。セクター調査団でパパっとまとめることができた）。
- 極力政府の立場を尊重し、正式な会合以外にも非公式の話し合いの場を通じて政府に対しドナー側考えを伝えるとともに、政府の考えも聞いた。

根回しは日本人に（も）適性があるようだ。

現場の違和感

　ASDPの実施枠組みの具体的な検討が2003年3月から始まった。

　その中で最も大きなテーマは、農業分野に地方分権化をいかに導入するかという問題である。タンザニア政府が進めていた地方分権化政策にのっとり、農業セクターにおいても分権化を促進することが求められていた。

　実はこの当時、ASDP関係者の間では、2つのことが議論されていた。1つはドナーによる「スタンド・アローン・プロジェクト（専らドナーの資金に依存して実施されているプロジェクト）」の乱立を避け、ドナー支援プロジェクトを極力政府組織体制に位置付けること。もう1つは、行政サービスの地方分権化を農業セクターでも実現することである。地方分権化は、今となっては行き過ぎだったと評価されるかもしれないが、当時のタンザニア政府の中心政策となっていた。

　ASDPの枠組みの中で働き、かつ日本の援助機関の一員として花谷は、日本のプロジェクトの制度的、財政的持続性を高めたいと考えていた。ASDPの会議では、KATCがタンザニア政府の組織規程上記載はあるものの独立した機関であるかのような、他のMATIとは異なる特殊な扱いを受けており、従って日本の協力はスタンド・アローン・プロジェクトではないかとの指摘がなされていた。

　KATCが提供している農業研修サービスを、地方分権化体制の中に組み込むことはできないか。地方分権化案では地方自治体である県が毎年事業計画（DADP）を作成し、提出されたDADPに基づき中央政府が予算を配分し事業を実施するということになっている。ならば、各県が予算配分を受けて自らの事業として農家研修を行う。それに対してKATCが技術的支援を行うとするのはどうか。技術協力プロジェクトにおいてタンザニア側が負担することになっている費用をDADPで手当てすることができれば、KATCプロジェクトが直面している活動費用（経常経費）負担の問題の解消につながり、プロジェクトが終わっても農家研修が継続されるのではな

いか。

　しかし、県政府やその下位を含めた末端の行政が少なくとも農業普及の現場では期待どおり機能していない実態や、その問題の根深さを目の当たりにしている専門家には、この花谷の狙いはあまりにも野心的で理想的過ぎるように映った。

農業普及にみる援助の盛衰

　農業普及に関して、タンザニア政府は建国当初から農業農村振興に取り組み、農家に対する技術指導を担う人員を育成し、全国に配置していた。早くからMATIを全国に設置し、農業教育を行っていた。ンドロやムティカがそうであったように、卒業生は州や県、村のそれぞれの行政階層に採用されている。このような体制は、世銀が70年代後半から80年代前半まで進めていたT&V方式と馴染みがよかった。

　T&V方式は、「緑の革命」と称される新品種開発を軸とする穀物生産方法の技術革新を生産現場に実戦配備するために考え出された農業普及システムで、世銀が1974年にトルコとインドの農業案件で導入したのが始まり。具体的には最前線の普及員があらかじめ特定した農家（コンタクト・ファーマー）を定期的に巡回訪問する、訪問時に指導する内容はあらかじめ上司にあたる農業普及官と打ち合わせるとともに、農業普及官から必要な訓練を受ける。また、県や州ごとに配置される専門技術員（SMS）と定期的な会合を持ち専門技術の指導を受ける、SMSは研究機関と連携して試験研究を行うという、役割分担、指揮命令系統が想定されるものである。

　世銀に続く形で、国際農業開発基金（IFAD）や国連食糧農業機関（FAO）もT&V方式あるいはその要素を採用した事業を実施するなど、1980年代にT&V方式は世界各地で急速な展開をみることになる。[34]

34）後述する「補論」参照。

タンザニアでいち早くT&V方式が試行されたのは1980年、ドイツ技術協力公社（GTZ）[35]がタンザニア北東に位置するタンガ州で実施した、総合農村開発計画（TIRDEP）であった。しかし、TIRDEPではT&V方式が定着するだけの成果があがらなかった。

　「農家訪問は不定期で農家の安定的な参加も得られなかった」「コンタクト・ファーマーは普及員から得た情報を他の農家に伝えなかった」「普及員への研修がない」「指導方法は権威的で一方的かつ教材も用意されていない」「定期的な訪問を行うだけの指導内容を普及員が有していない」などが理由。その背景には農家の金融および農業投入財へのアクセス、普及員の移動に要するコスト、普及員の数および質、普及員のモチベーション、研究部門との連携などに関わるさまざまな問題があるとされた。

　T&V方式の本格的な実施は、世銀が1989年から1997年に実施した農業畜産普及リハビリテーションプロジェクト（NALERP）による。農業省内で作物局と畜産局に分散していた普及機能の統合を含む、T&V方式を念頭においた大々的な制度改変を行い、農業普及行政の効率化を目指した。既存の普及員を5カ月間の養成研修で再訓練されたが、実際には元々業務としていた分野に偏った指導を行うことが多く、農家が直面する課題解決に応えるだけの知識を獲得するほどの水準に達した者は少なかった。最前線の普及員を技術面で支援するSMSとの会合も、予算不足から必要十分な頻度で開催されなかった。NALERP開始前の1986年から始まっていた構造調整プログラムの下で、政府予算が削減されていたことが理由。これは農家訪問回数の削減や、農家訪問のための自動車、二輪車の維持管理にも影響を及ぼしていた。1993年には公務員の新規採用が停止され、年々普及員数が減少したために、普及員は担当する農家数が増えるとともに、現場での技術指導以外のデスクワークにも対応しなければ

35）当時。現ドイツ国際協力機構（GIZ）。

ならなくなった。

　この結果、1994年以降普及員の訪問を受けた農家数は減少していった。普及部門の統合による効率化よりもT&V方式導入に伴う追加支出の方が大きく、NALERP終了とともにT&V方式は参加型開発アプローチ（FFS）を採用した形に見直しされ、国家農業普及プロジェクト（NAEP）フェーズ2の実施に変わった。

　援助は永遠に行えるものではない。行うべきでもない。途上国が被援助国から卒業することを援助は目指すべきである。途上国の行政能力を根本的に強化することから目をそらし、途上国政府のシステムを迂回して良いのかと、援助協調論が投げかける問いに真正面から反論はしづらい。

　しかし、州、県が求められるレベルに達するまでにどのくらいの時間と投資が必要になるのであろうか。時間がかかっても成果が出るのであればよい。成果が出るまで支援が続くのであればよい。T&V方式の導入は道半ばで終わった。援助や開発協力の世界では約10年ごとに新しいアプローチ、理念が提唱される。今正しいと信じられているアプローチが10年後も正しいと信じ続けられているかは分からない。

　NAEP2でも、T&V方式で想定した作目別のSMSを県レベルに配置しようと引き続き取り組んでいる。農家の役に立つ技術を普及の前線に配備する必要があることは、農業の現場では疑いようがない。

　「日本がやっているプロジェクト型協力は、他のドナーからは嘲笑されている。図体は大きいが脳みそは小さい恐竜のようなもので、いずれ絶滅する運命だ」

　「農業セクターで活動している他ドナーが受け入れない事業は今後行えない」

　「コメばかり20年も続けた。いつまで続けるのか」

　今利用可能な稲作の知見は、その一部でも農家に届けば農家の暮らし

が良くなるとKATC2の専門家は確信している。コメのもうけで暮らしぶりが一変した農家の話は枚挙に暇がない。それなのにいつ完了するか誰も分からない新しい農業普及制度・体制が整うまで、貧しい農家を貧しいままにしておく道理は何なのだろうか。

　KATCフェーズ2プロジェクトの専門家とJICA事務所との間で立場の違いから答えの出ない問答が繰り返されていた。議論が平行線のままであるのは、成功事例から政策を導き出す帰納的なアプローチと、仮説に基づく政策を実行し検証・修正するという演繹的なアプローチの良否を争うようなものであるからだ。

第5章

時代の要請に応える

KATCフェーズ2へ

　KATCフェーズ2（キリマンジャロ農業技術者訓練センターフェーズ2計画）は、2001年6月に始まった。実施の決定に際し、JICA本部は「住民参加型開発手法」と「ジェンダー主流化」という今日では半ば常識となった援助アプローチをKATC2に導入することとした。

　住民参加型開発手法の中心にある、受益者である住民が開発事業の中心的役割を担うことの重要性は開発現場で長く認識されていた。古くは農業研究の領域で、60年代から70年代に緑の革命と称えられる成功の裏側で、同様の改良品種を導入したのにも関わらず、農家や地域の間で成功の程度に差異が生じるのはなぜだろうかとの疑問にその一端を見ることができる。

　新しい技術が問題解決のすべてではなく、技術が利用される環境や利用者の特質が技術導入の結果を左右する要因であると注目された。科学的に優れていると評価される技術も、農家が求める解決策でなければ農家には採用されない。ならば農家のニーズを聞いてから研究を設計しよう。いや研究の設計自体も農家に委ねよう。誰かが勧める技術を移転してもらうのではなくて、農家が自分たちの住む地域の課題を主体的に考え、解決策を見出せるようになることがあらゆる面で良いではないか。そのような議論から、住民が開発事業に参加する意味や開発事業で住民参加を実現する方法（RRA[36]やPRA[37]）について理論化が進んでいた。

　ジェンダー主流化とは、MDGs（ミレニアム開発目標）のゴール3の指標として初中等教育レベルの男女格差が取り上げられたことに見られるように、教育分野や保健医療分野において先行していたジェンダー平等の取り組みを、他の分野でも意識的に取り組むことをいう。JICAは、国際場裏で提唱されるようになっていたジェンダー主流化を推し進める手始めとして、プ

---

36) Rapid Rural Appraisal.
37) Participatory Rural Appraisal.

図19　JICAフロンティア　2005年4月号「特集 ジェンダー平等の視点」

独立行政法人 国際協力機構

検索 説明

| 世界の現状を知る | 国際協力に参加する | JICA早わかり | みんなで学ぼう |

ホーム > JICA早わかり > WEBマガジン、広報誌 > フロンティア > 2005年4月号

▒ フロンティア

▸ 2005年4月号　特集●ジェンダー平等の視点

ジェンダー平等の視点
第4回世界女性会議から10年

男女平等、開発、平和という目標に向けて国際社会が努力することを再確認する第4回世界女性会議が北京で開催されてから、今年で10年を迎える。JICAは男女平等の視点を事業のすべての段階に取り入れる「ジェンダー主流化」を推し進めている。男女の格差を生み出す社会・経済構造、制度や政策を見直し、意思決定を含むすべての開発過程に女性の参画を促進させる考え方だ。この10年で途上国の女性を取り巻く状況はどのように変化したのか。またJICAはどのようにジェンダー主流化を進めているのか、報告する。

青年海外協力隊員が活動しているイスラマバード郊外の小学校　(c)今岡昌子

ジェンダー
男女の社会的・文化的に構築される性、つまり男女の社会的役割の違いや相互関係のこと。生物学的性別（セックス）と相対する言葉。
WID
Women in Development。女性を重要な開発の担い手であると認識し、開発のすべての段階に女性が積極的に参加できるように配慮していこうという考え。
GAD
Gender and Development。援助対象社会の男女の役割やジェンダーに基づく開発課題やニーズを分析し、持続的で公平な社会をめざそうとするアプローチ。

https://www.jica.go.jp/activities/issues/gender/pdf/frontier_0504a.pdf

ロジェクトのいくつかをジェンダー配慮案件と選定し、ジェンダー平等を推進する活動の実施を求めた。

　KATC2プロジェクトもそのようなプロジェクトの1つだった。

コメの生産は女性を抜きに語れない

　長期専門家は理工学系出身者の集まりである。JICA本部のジェンダー推進部署は稲作の専門家ではないため、稲作研修活動におけるジェンダー配慮とは何かについてはKATC2プロジェクト内で整理、定義しなければならなかった。

　「ジェンダーやジェンダー平等という概念や、それらが大事であることに異

論はないけれども、何をもって技術協力プロジェクトでジェンダー平等が主流化されたと判断するのか」

「日本には『三ちゃん農業』[38]という言葉があり、女性はむしろ主役と考えているが、研修機会を男女間で平等にすることで足りるか」

「改良かまど作りや家庭菜園がジェンダー主流化の活動事例と紹介されたが、それらは稲作プロジェクトで扱うべきことなのか」

「コメのつくり方を教えるKATC2で、タンザニア農村のジェンダー問題のすべてを解決すべきなのか。たかだか5年の技術協力プロジェクトに求めすぎではないか」

タンザニアの農村コミュニティのジェンダー、特に、女性のおかれている状況をいくつかのキーワードで表すと、「重労働」「長時間労働」「子育て」「低収入」「財産が少ない」「社会的活動に参加しにくい」「リーダーになりにくい」「教育を受けにくい」などが挙げられる。

タンザニアで一般的な小規模なコメ農家では、田植え、除草、稲刈りは主に女性の仕事とされている。耕起のような力の要る作業は男性が担うが、田植えなどが楽な作業である訳ではない。女性は水汲みや薪の収集など家事全般を行いながら、男性と同等かそれ以上の農作業に携わっている。コメの生産性向上は女性を抜きには語れない理由はここにある。重要な担い手である女性に伝わらなければ、伝えた技術が女性に優しいものでなければ、そして実践し続けたいと思ってもらえなければ、協力の効果は期待値の半分にも届かない。

3年もの暗中模索の期間を経て、ようやく次のとおりの整理にいきついた。

・稲栽培（および農業・他の経済活動全体）にかかる活動を、家庭内労働も考慮し、公平に分担すること

・稲栽培（および農業・他の経済活動全体）から得た収益を家庭内で

---

38) 働き頭の父親が勤め人で、日常的な農作業のほぼすべてを老年男性（じいちゃん）、老年女性（ばあちゃん）と主婦（かあちゃん）が担う、高度成長期に兼業化が進んだ様子。

公平に配分すること

・現金を含む財産の所有、処分の決定に関わる夫婦間の不均衡を極
　力是正すること

　これを農家にも理解してもらうために参加型のワークショップを行った。

　女性がどれだけの労働を担っているか。一日の過ごし方を書き出しても
らった。男性が起床する時には女性は水汲みに出かけている。休息（図
20では午後4時頃）もそこそこに食事作りに取り掛かり、就寝時刻も男性よ
りも遅いことなど視覚的に表された女性の貢献は、男性ばかりではなく女性
の目にも新鮮に映ったようだ。

　これはKATCの教官たちにも女性が研修に参加しやすい時刻や講義
時間を設定するうえでも重要な気づきを与えた。

　別のワークショップではコミュニティマップを作成した。大きな模造紙に灌
漑用の水源、圃場の位置、灌漑用水の流れる経路など営農に関わる情報
を書き表す。この過程が、コミュニティの共有財産である灌漑施設の管理
や公平な水利用の必要性の気づきにつながると同時に、水汲みや薪収集
の場所をたどることで女性の働いている様子も描き出す。

　そうしてコメの増産が各世帯のみならず、コミュニティ全体の利益になるこ
とを参加者全員で確認した。農作業は男性だけが担っているわけではない

図20　KATC2のジェンダーワークショップで作成した男女別生活時間表

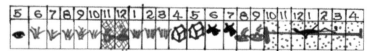

注：上図が女性、下図が男性。

表21　男女の労働分担の一例(コログウェ県モンボ灌漑地区の例)

家庭内労働	男性	女性
家の掃除		✓
モップがけ		✓
水汲み		✓
皿洗い		✓
洗濯		✓
料理		✓
薪集め		✓
薪割り		✓
アイロンがけ	✓	✓
家の建設	✓	
家の修理		✓
放牧後の家畜集め	✓✓	✓
野菜（自生）の収集		✓
乳搾り	✓✓	✓
トイレ建設	✓	
台所用品の購入		✓
家庭用品の購入		✓
ベッドメーキング		✓
子供の看護、病院への付き添い		✓
子供と夫のシャワー用お湯の準備		✓
子供のシャワー		✓

農作業（稲作）	男性	女性
整地	✓✓	✓
畦作り	✓✓	✓
種籾準備	✓	✓✓
水路の清掃	✓	✓
代掻き	✓	
均平・整地		✓
田植え	✓	✓✓
施肥	✓	✓
除草	✓	✓
鳥追い	✓	✓
収穫	✓	
脱穀		✓
風選		✓
収穫物の運搬	✓	
貯蔵	✓	
乾燥		✓
販売	✓	
お金の管理	✓	

のだから男性だけが研修に参加するのはおかしいし、研修参加者はコミュニティの代表であり、選ばれた人は学んだ知識をコミュニティに還元しなければならない。そうした前提[39]で選ばれる人の家族や関係者は参加に協力して、コミュニティの構成員に広くKATCが提供する研修機会に参加してもらうようにした。

　ワークショップで大きな反対を表明しなかったとしても、依然妻が留守をす

---

39) 後述する「JICA がタンザニアで行った農家間普及方式」(NOTE2) で詳述。

コミュニティ・マッピング活動　左端がMr. ンドロ　　　　　　出所：KATC2 (n.d.)

ることに消極的な夫も存在する。そのような男性を説得する知人やコミュニティの雰囲気（共通理解）の有無が大きな違いを生む。妻も留守の間に家事を代わってもらえるよう、親族に協力を求めやすくなったようだ。

飴玉を使って家計管理を学ぶ

除草の講義でも、手押し除草機でいかに効率的に作業が行えるか、それがいかに女性の負担軽減につながるかを強調した。実習で自ら製作した手押し除草機を持ち帰った男性農家は、妻と一緒に、時には妻に代わって除草作業を行うようになった。子供も遊び感覚で手伝うようになった。

時間のかかる重労働の1つである薪拾いの負担を軽減する目的で、燃料効率のよいかまどの製作実習も取り入れた。従来のかまどに比べて薪の消費量が少ないために、薪拾いの頻度を減らすことができる。

家計管理研修は、飴玉1つを1万シリングとして、1年の支出と収入の関係を理解してもらう演習だ。自分の家庭の収入と支出をしっかりと把握できている農家は多くない。収穫後に一時的に大金を手にすると気が大きくなってしまうのは世の常。散財した挙句、次の収穫直前にお金が無くなり生活

飴玉を使った家計管理研修の様子　　　　　　　　出所：JICA（2005）

が非常に苦しくなったり、次の作付けに必要な現金を仲買人から高利で借金したりすることが少なからずあった。お金のことで夫婦が言い争ったり、時には暴力ざたに発展したりすることも残念ながらある。新たに手にした利益は生計を良くする目的に使ってほしい。できればコメ生産に再投資して欲しいのだが、外部者が強制すべきことではない。できることは家庭内で合理的な意思決定がなされる可能性が高まることを期待して、夫婦間の対話、相談する体験を与えること。そう考えて企画したのがこの家計管理研修である。

　作業シートにペンで金額を書きこむほうがむしろ講義をする側には手軽なのだが、飴玉のボリュームを目で見て、手で触って動かすほうが実感が深まるだろうと敢えて飴玉を使うことにした。ある種ゲーム的な感覚を持ったのだろうか、読み書きができる者もそうでない者も、シートの近くで作業している者も周りからのぞき込んでいる者も関係なく、気が付けば男女入り混じってわいわい、がやがやと話し合い（時に白熱しつつ）、演習に没入していた。

　家計管理研修や改良かまど製作、手押し除草機のみの効果ではないが、KATC2で関わった6地区の平均収量はhaあたり3.1 ～ 4.3トンに増

改良かまど製作の様子　　　　　　　　　　　　　　提供：JICA（2005）

加、延べ日数で比べた男女の参加度合いは53：47とほぼ同等を実現、さ[40]らに世帯収入の増加に加え教育費や医療費支出の増加を確認することができた。

かまどは作ってもトマトは作らない

　このことは対象農家・地区におけるジェンダー平等に多少なりとも貢献したといえるだろう。けれども、女性のエンパワーメントという観点では表面的だという指摘も受けた。

　確かに対象地区のジェンダー観を変更することを目指してはいないし、女性が自由にできる新たな収入源を創出したり、土地登記のような財産所有の問題には踏み込んでいない。けれどもKATC2は稲作を教える農業普及プロジェクトであって、投下できる時間と資源も決まっている。制約の下で取捨選択をしなければならない。KATC2プロジェクトが出した答えは「かまどは作ってもトマトは作らない」だ。

40）KATC2は2作期にわたって研修を行った。1作目の平均が52（男性）：48（女性）、2作目が54：46。

　改良かまど作りは薪拾いにかかる時間と労力が減り、灌漑稲作技術を実践する余裕が生まれると期待できるので研修で扱う。しかしコメづくりがおろそかになりかねない家庭菜園は、例えコメより手軽に女性の収入源になるとしてもKATC2プロジェクトの指導対象とはしない。こういう線引きをした。

　当事者（住民・農家）の自発性を尊重する参加型開発の理念、エンパワーメントの概念に基づけば、トマトの作り方を学びたいという要望を一蹴してはいけないことになる。しかし、灌漑稲作の潜在力を最大限に引き出し、地域全体が便益を享受することを目指すならば、水田稲作に関する多くの課題が手つかずのままであることを無視できない。

　水田で利用する灌漑用水は皆のもの。水稲栽培に必要な用水量は灌漑畑作のそれを大きく上回る。タンザニアを含めサブサハラ地域で利用できる灌漑用水量は潤沢ではない。限られた水を使って、皆が（できれば）等しくたくさんの収穫を得るためには、水路で運ばれる灌漑用水を無駄なく利用することが求められ、それはすなわち代掻きや田植えといった農作業の実施時期を細かく調整することに他ならない。都合が悪いからといって決めたスケジュールを守らなければ誰かに不都合が生じる。水路の管理が悪ければ水が届かない田んぼが出てくるので、自分の所有ではない水路を皆で管理する必要がある。コミュニティ全体の共同作業、共同意識が求められるのがコメづくりなのだ。

　個人や有志で取り組むことができる家庭菜園を同じプロジェクトで扱うことの優先度は下げざるを得ない。これがKATC2プロジェクトの判断だった。

選ばれるのはごく「普通の人」

　KATC2の研修の直接の対象者（直接受益者）は720人。6カ所の合計なので地区あたりで120人となる。120人は地区全体のうちのほんのわずかな数でしかない場合もあるが、KATC2はコメの増収、増益を体験する

人が地区内に広まることを常に念頭において取り組んだ。対象者は特別に資産をたくさん保有しているとか、高い教育を受けているということはない。野良仕事を面倒がる男性、男性よりも能力が劣ると考えている女性、人前で話すことに気後れする人、とごく普通の人の集まりである。「アイツにできるなら自分にもできる」そう思ってもらえるような集団である。

　KATCの教官たちが伝える知識や情報をコミュニティ全体に行き渡らせるために、現地に足繁く通った。

　まずは地域の現況把握。営農調査や参加型農村調査（PRA）を行い、各地区の生活事情や稲作の課題を住民と一緒に確認。そして、研修をはじめとする約3年間にわたる活動の大枠、KATCや地元関係者それぞれの役割分担などについて合意形成を行う。

　その後地区で選ばれた代表農家20名[41]と普及員が、KATCに3週間滞在して研修を受講する。20名の農家はそれぞれ5名の農家を選びグループを形成し、KATCが各地区にやってきて行う研修（現地研修）に一緒に参加する。現地研修は稲の生育段階に応じて2作期の間に7回開催。学んだ技術を実践した圃場の稲が育ってきた段階で、生育状況や取り組みを通じた工夫を発表しあう現地検討会（フィールド・デイ）を開催。村人はだれでも見に来ることができるようにした。

　収穫作業が一段落したころに作期を通じた振り返りを行なった。作柄に一喜一憂するのではなく、上手くいったこと上手くいかなかったことそれぞれの原因、背景に考えを巡らせてもらう。また、他の農家からの学びや気づきも発表し、次の作期でどのように工夫するか考えをまとめる。まとめた結果はフィールド・デイと同様に地域住民に自由に来てもらい、発表会を行った。ファーマーズ・デイと呼ぶことにしたこの日は、収穫祭の側面もあり、歌や踊りの披露もあったりしてとても賑やかだ。

41）中核農家（Key farmer）と呼称。詳しくは「JICA がタンザニアで行った農家間普及方式」（NOTE2）を参照。

　水利用の調整であったり、水路清掃であったり、共同意識の醸成は一朝一夕にどうにかなるものではない。アジアでは何世代にもわたる利害調整を経験して、社会規範になった。かたやタンザニアでは、ローア・モシで灌漑稲作が始まってから20年しか経っていない。KATC2の対象地区は、灌漑稲作とは何たるかを知って3年にも満たない。均平が大事だと分かり、KATCが教えてくれた代掻きをやる農家が増えた時に、それまで不自由なく灌漑用水を利用していた先行農家と、取水の時期や量で揉め事が起きるかもしれない。あるいはレンガ職人のように、農業以外で水源を日常的に利用している住民とのトラブルも起きるかもしれない。支援したコミュニティがトラブルを解決できるだろうか、伝えたい事はたくさんある。

　援助事業を続けるためには、続けるに足る「成果」を示す必要がある。しかし、「成果」の捉え方が人によって異なる。農家たちと直接関わった事

図22　1作期に行う現地研修（KATC2での例）

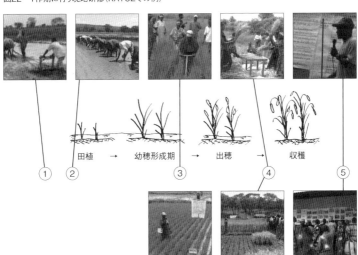

KATC2が実施した現地研修は5回（①圃場準備時期、②田植前、③幼穂形成期、④収穫前、⑤収穫後）。③、④でフィールド・デイを、⑤でファーマーズ・デイを各研修後に開催。

業の当事者はまだやることが残っていると言い、政治家やダルエスサラームの役人は、4トンの単収は立派だがより多くの農家や村を支援して欲しいと言う。

6カ所、総受益者2,000人を相手にすることは簡単ではない。

KATC2のプロジェクト目標は農業収入を向上することになっている。研修という活動が農家の収入という結果に結びつくまでには、いくつもの段階を踏まなければならない。まずは農家に知識を伝え、農家がそれを理解する。そして農家がそれを実践する。大事なのは、学びを深めて身に付けるために結果を振り返ること。先生役のKATCスタッフにも同様のことがいえる。実践して、振り返り、改善する。この学習のサイクルが能力強化の肝であり、教官どうしの相互評価（ピアレビュー）を大事にした。

現地研修には、日本人専門家とKATCの教官の合計10人が3台の車両で出張する。モシから一番遠いサイトはムトワラ州のマラウィ湖の近くにある。モシから約1,300km、移動だけで2日かかる。現地研修は移動を含めて平均1週間は必要なのだが、ある年は53回の現地研修を行った。1年には52週しかないうえに、現地研修以外にもKATCでの集合研修、周辺国からの視察団の受入、タンザニア政府の独自予算の活動やKATCの自主財源確保のための活動もある。クリスマス休暇も必要。2つの現地研修チームを同時に編成するなど、息つく暇なく予定を詰め込んでも6カ所で手一杯だった。

タンザニア政府が成果を認める

2004年5月、JICA本部とタンザニア農業食料安全保障省による「合同中間評価調査」が行われた。

KATC2の実施を決定した当時、プロジェクトで開発する稲作研修は、農業省からMATIに配賦される予算を使って実施されることを想定していた。しかし、地方分権化の動きの中でも公共財政管理面でも先駆的な改

革が進んだタンザニア農業セクターは、県政府が主体となって農業プロジェクトを企画し、実施することが確定的になった。農業普及サービスは必要に応じて県政府外のサービス提供者（サービス・プロバイダー）を活用することが想定され、MATIはサービス提供者として研修費用を県政府からの受託契約から、つまりサービス（研修）の対価として回収することになる。こうしたプロジェクト外部環境の変化を踏まえ、合同評価団は県が発注しやすい規模の研修パッケージを開発することを提言した。[42] 開発効果を高めることを狙って参加型開発手法やジェンダー主流化活動を新たに取り入れたKATC2プロジェクトは、協力期間の後半で研修の質を保持しつつ、いかにコスト削減を図ることができるかに挑戦することになった。

　潤沢とは言い難い顧客（県）の懐事情を考慮して、成果が期待できるギリギリまで研修時間・回数を絞り込む作業。しかし残された期間は1作期のみ。研修期間を減らしたパターン（タイプ1）、さらに集合研修も省略するパターン（タイプ2）を試した。

　タイプ1は、集合研修を3週間から2週間に、現地研修を5回から耕起、田植え、収穫前の3回に変更。タイプ2は集合研修を行わず、代わりに耕起時に行う初回の現地研修時に中核農家だけを対象としたセッションを設けた。研修に要した費用面では先に実施していた6カ所での実績と比較して、タイプ1で57%、タイプ2で28%にまで減少した。成果の面では収量は研修前と変わらないか、低下する結果になってしまった。その原因は、大統領選挙のために作付けが例年より遅れ栽培適期をはずしてしまったこと、加えて水不足に見舞われたこと、現地研修を計画した時期に本田準備や田植えが行われてしまい、期待どおりの数の農家が集まらなかったことが挙げられる。

42）提言を踏まえ PDM の成果指標に「Modified field training programme(s), which encourage districts to adopt KATC trainings as an implementation tool of their DADP, are developed」が追加された。

研修参加率は3回の現地研修のうち50％に満たない時が複数あるなど、研修業務の発注として全面的な取り仕切りを担うべき県の調整不足が露呈した。研修時間をどこまで削減することができるかを見極めたかったが、かなわなかった。

　とはいえ、タンザニア政府がKATC2の成果を評価し、農家研修の提供機関として引き続き日本の技術協力を要請したことは朗報であった。

　この新規プロジェクトの要請は、JICA事務所の尽力によって後継案件がASDPの中で公式に位置づけられた。2006年2月にASDPの共同評価ミッション（Joint Appraisal Mission）が行われ、この中で後継案件が取り組む課題がASDPの取り組み事項に対応すること（ASDPの公式文書に明記されるよう働きかけ）（メインストリーミング）、そしてその実現に向けてコモン・バスケットへの貢献方法の1つである資金拠出によらない支援形態（in-kind支援[43]）としてJICAが実施することを表明（イヤーマーキング）するという経過を経た。

　絶滅必至のプロジェクト型技術協力の典型として逆風にさらされ続けたKATC2プロジェクトは、その成果のバトンが次につながることを見届けて2006年10月完了した。

　この年、アフリカ向けのODA供与額が初めてアジア向けを上回った。

---

43) 日本のODAでは技術協力と無償資金協力が該当する。

NOTE 2	JICA がタンザニアで行った農家間普及方式

　農家間普及（Farmer to Farmer Extension）[44]は用語として一般的に受け入れられているものであるが、その概念を具体的に記した文献は多くない。「先進的、進歩的な農家が有する知識を他の農家が対話型プロセスを通じて取得すること」と表す文献があるが[45]、これは、ラジオ、TVプログラム、ポスター、パンフレット等を用いた有用情報の伝達を念頭にしていると考えられ、このような認識に基づく農家間普及の言及例は数多い。

　一方、JICAは農家間普及を次のように解説している[46]。情報の伝達経路の違いに加えて、農家の技術習得を働きかける外部者の介入行為の存在を強調している点に特徴がある。

1．農家から農家へ技術が伝播することで、計画設計しなくても自然に行われる波及

　　近隣農家の生計向上に触発された農家が、地域の篤農家から教えを請うケース

　　先祖代々親から受け継いだ農業技術を踏襲するケース

2．計画的に実施する普及

　　農家を計画的に訓練して、そこから徐々に周辺農家に技術が普及するケース

　　2．は日本における農業発展の歴史的経緯と主にタンザニアでの稲作協力を通じて蓄積された経験に寄るところが大きい。

44）他の JICA 資料では農民間普及との記載もある。

45）Swanson, B.E. and Rajalahti, R.（2010）Strengthening agricultural extension and advisory systems : procedures for assessing, transforming, and evaluating extension systems The World Bank, p.183

46）JICA（2011）『課題別指針農業開発・農村開発』独立行政法人国際協力機構 , pp.55, 131

特にKATCフェーズ2プロジェクト（KATC2）では、外部者（KATCの
タンザニア人教官と日本人専門家）が計画的に行う介入行為（研修等）
が技術伝播にいかに結びつくかを検討した。理論化されてはいないが、
KATC2が考える農家間普及は「外部からもたらされた新しい営農知識が、
農家どうしのフォーマルおよびインフォーマルな場での情報交換を通じ、地
域内で広く共有、現地適用化されること、または、そのプロセス」と表現
できる。既に触れた普及員と農家の合同研修、中核農家を対象とした集
合研修と現地研修の組み合わせ、中核農家と中間農家（その他農家）グ
ループの事前設定、などは上述の農民間普及を実現、促進するための方
法、仕掛けである。

　1つの村からごく限られた人数だけがKATCで催される短期間の研修に
参加するだけでは、参加者の技術習得も広範な農家への波及も十分とは
いえず、研修参加農家および農村全体の収量増加は不確実な形でしか実
現することができなかった反省から、KATC2では主たる研修の場を研修セ
ンターから農家が実際に耕作している現場に移すことを決めた。活動は≪
現況把握≫、≪KATCでの集合研修≫、≪現地研修≫、≪フィールド・デ
イ等によるフォローアップ≫の4つのステップで構成され、それぞれ具体的
には次のとおり。

　第1ステップである≪現況把握≫では、農家ニーズの特定とプロジェクト
で行う活動計画の作成を行い、続く第2ステップの≪KATCでの集合研修
≫では、対象地区（灌漑事業地）の農家代表（20名）と普及員らが合
同で、KATCにて催される座学と実習で構成される3週間のプログラムに
参加した。この農家は以後の現地研修においてKATCによる指導・実習
のサポートを行い、KATCによる介入が終わった後も地元の篤農家として指
導的役割を担うことが期待され、中核農家（KF）と呼ぶこととした。KF
は村の農家の代表として研修を受講し、学んだ内容を他の農家に移転す

る能力と意欲を有しこれを他の住民も認めることを村の成員すべてにオープンにした。

　第3ステップ《現地研修》では、1作期に3～4回の現地研修会が開催され、中核農家は1人あたり5名の農家を集めて参加した。中核農家が集めた5名（灌漑事業地区あたり合計で100（20×5）名）は、中核農家が自ら学んだ内容を共有する直接の対象として中間農家（IF）と呼ばれた。また、収穫後に研修・栽培成果を確認する会合（成果モニタリング）も催された。

　最後の《フィールド・デイ等によるフォローアップ》では、現地研修会や収穫後の成果モニタリングの機会に、フィールド・デイあるいはファーマーズ・デイと称して、現地研修会に参加していない地域住民が中核農家の圃場をグループに分かれて順次訪問する。それぞれの視察場所では担当農家が訪問者に対し説明を行い、見学者からの質問に応答する。見学後にはグループごとに観察からの気づきを発表し合い、フィールド・デイに参加した者すべての間で情報共有・相互学習を行なった。

　この時、中間農家は現地研修会に参加していない農家を最低2名（合計で200（100×2）名）を参加させることが奨励された。これらのステップを通じて、普及員など県の技術職員の支援を得つつ、中核農家から中間農家へ、そしてその他の農家へと営農知識がカスケード式に伝達されることを狙ったのである。

　「これまで他の農家の役に立ったことがなく人から感謝されるのがうれしい」

　とはある中核農家の声。中核農家に選ばれたことに誇りを感じ、その使命を果たすべきと考える中核農家の例は枚挙に暇がない。

　農家は元来独立した経営体である。日本や東南アジアのような灌漑農業の歴史が長く水利用を通じた共同活動が根付いてはいないタンザニアで、利他的な行動をとる理由は何であろうか。

表　中核農家と中間農家の要件と役割

	中核農家（KF）	中間農家（IF）
要件	① 各水利ブロック・村からの代表であること ② 読み書きができること ③ 2 年間以上にわたって稲作に取り組んでいること ④ 他の農家に技術を移転できること ⑤ 他の農家と協力できること ⑥ 先進的な農家であること ⑦ 灌漑事業地区内に居住していること ⑧ 15 歳以上、65 歳以下であること ⑨ ジェンダーバランス（全体で男女半々） ⑩ 農民組織で活発に活動していること ⑪ 灌漑事業地区のメンバーあるいは同地区委員会の大多数から推薦を受けること ⑫ 県行政長官（DED）の承認を得ること	① ジェンダーバランス（KF を含めて男女半々） ② 15 歳以上、65 歳以下であること ③ 稲作に十分取り組んでいること ④ KF、IF ではない農家への技術移転に前向きで、実践できること ⑤ 先進的な農家であること ⑥ 灌漑事業地区内の家庭の一員であること ⑦ KF によって選定され、灌漑事業地区長と普及員によって承認されること
役割[47]	① KATC で学んだ事柄を IF に伝えること、自分の圃場を学習のための実証圃として使うこと ② 1 人の KF が 5 人の IF を組織し、グループ学習会を行うこと ③ フィールド・デイ 等を普及員とともに実施すること ④ IF と定期的に会合を持ち、彼らの相談に乗ったり、問題解決に手を貸したりすること ⑤ 普及員や IT、村の要人と連携すること ⑥ 普及員に定期的に活動を文書で報告すること	① 現地研修会に必ず出席し、必要な技術・知識を身につけること ② 学んだ事柄を実践すること ③ KF、IF ではない農家に学んだ事柄を伝えること（ファーマーズ・デイへの招待、自分の圃場での勉強会） ④ KF、IF ではない農家からの相談に快く応じること

　選ばれた、他の者に伝達・教授するという自尊心、そして選ばれたという使命感・義務感という内発的動機と外発的動機が相互に作用した結果であると考えることができる。KATC2 が想定した中核農家から中間農家、そしてその他農家という経路は営農知識が広まる唯一の経路ではないが、中核農家にとって中間農家の存在は学んだことを教授、共有する対象であり動機の源泉であると考えられる。中核農家に知識伝播の対象と具体的な活動をイメージさせるような働きかけを内在している点が、KATC2 の農家

47）プロジェクト評価のための作業に関する役割も別にあるが本表では割愛している。

間普及方式の特長といえる。

　コミュニティがその成員の代表を窓口として普及員等から有用な技術・知識を受け取り、コミュニティに衡平・公正に分配する仕組みを普及活動に内部化できるか。これが農業普及活動を、一部の農家やその身内・ごく親しい者までの限定的なものとしたり、模倣や偶発的な情報共有に依存する不確実なものとするかを分ける鍵と考えられる。

第6章
国際イニシアチブに

アフリカの新しいコメ

　世界に目を転じると、1990年代には緑の革命（高収量水稲品種の開発）に続く革新として期待を集める、新品種（NERICA）の開発が行われていた。1992年、西アフリカ稲開発協会（WARDA）[48]がアジア稲（Oriza sativa L.）とアフリカ稲（Oriza glaberrima Steud.）の種間交雑に初めて成功。これは生育期間が短い、乾燥や病気に強いというアフリカ稲と、収量が多いアジア稲の双方の特長を受け継いだもので「NERICA（New Rice for Africa）」と総称。十分な灌漑施設がなくても、肥料の大量投与がなくても栽培が可能となれば、アフリカの食料問題、飢餓問題の解決の救世主になるのではと大きな期待が寄せられた。

　日本政府はUNDPを通じてNERICA研究のための資金面の支援を行うとともに、国際農林水産業研究センター（JIRCAS）やJICAを通じて稲研究者をWARDAに派遣していた。

　2003年のTICAD3では、「NERICAイニシアティブ」が掲げられた。

　日本のマスメディアでNERICAが大きく取り上げられ、国際機関もアフリカでの緑の革命を期待する声を上げたが、品種開発は端緒についたばかり。稲の栽培環境は非常に多様。山間の低湿地、河川の氾濫原もあり、それぞれに適合した種の開発、選抜が必要。加えて、生産者の選好や消費者の嗜好も、緑の革命を実現するため道のりは決して短く平坦ではない。

　それでもこれだけ国際的に注目を集めたのは、アフリカの食料問題、農業開発の解決の糸口が他に見出されていなかったことの表れでもある。

　長らく土地生産性の向上のために灌漑施設の整備に多額の投資がなされたが、飢餓問題は解決していない。食糧生産は確かに増加しているし、豊かになった農家も現れてきている。しかし全体でみると、食糧生産の伸び

48）当時。現アフリカ稲センター（Africa Rice Center）。

図23　サブサハラ・アフリカの食糧生産と人口の増加

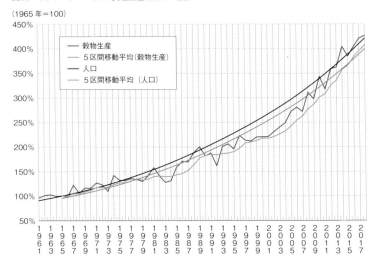

出所：世界銀行データベース「Cereal production (metric tons)」
および「Population, total」(2022-8-28アクセス)を基に筆者作成

は2013年頃までは人口増加の伸びに追いついていないのである[49]。

　アジアで一定の成果を挙げた近代的灌漑施設整備はアフリカでは成功しないのではないか、成功しないとまでは言わないまでも限られた援助資源の使い途として適当なのかという考えが支配的であったことには間違いがない。

　タンザニアの隣国ウガンダは2002年に4つのNERICA品種を品種登録し、本格的な普及に着手した。2003年3月には富高が農業計画アドバイザーとして農業畜産水産省（MAAIF）に着任。2004年6月に着任する

49）人口と穀物生産の増加割合（基準年に対する増加の比率＝伸び）のグラフが交差したことをもって人口を養うだけの十分な食糧（穀物）の生産を達成したわけではない。基準年（1965）の人口あたりの穀物生産量と同水準にあること意味するのみ。また、穀物生産が行われている場所が偏在していることや貧富の差のために、国レベルでは十分な生産量があったとしても世帯レベルでの食糧（穀物）入手可能性に違いが生じることに留意が必要。

NERICA振興のための個別専門家受け入れ準備を進めるとともに、基本的な稲作技術の理解促進に取り組んだ。その一環としてウガンダ農業行政官や現場普及員、そして農家代表とともにKATCへの視察も行った。KATC2でも広域指導チームがウガンダを訪問し、同国最大の灌漑事業地であるドホ灌漑事業地で実地研修を行った。

始まりは1枚のポンチ絵

2007年夏、JICA農村開発部で課長をしていた花井淳一は、大島賢三副理事長（当時）からの指示を受け取る。

「来年のTICADに向けた打ち出しを考えろ」

「"アフリカの緑の革命"のような大きな枠組みで何かできないか」

何かひねり出せと言われても、手品師だってタネが無くては何も出せないだろう。これまでの協力の成果と予定されている事業の延長線上にあるものを考えるしかない。アフリカで食料増産のために取り組んでいることといえば稲作だ。そして、世の中の注目を浴びていたのはNERICAだった。日本の中でも国際会議でもNERICAは必ず話題になっていた。けれども、NERICA一辺倒の風潮に花井は違和感を持っていた。「稲作と一口に言ってもアフリカでは灌漑稲作（水田稲作）、陸稲、天水低湿地の3種類がある」と同僚と談義していた最中に、副理事長からの検討指示がおりたのだ。花井は世界地図に3つの波紋が広がるシンプルな絵を描いた。波紋の1つは低湿地での天水稲作を協力の重点に据えつつあったガーナに。2つ目をNERICAの研究・普及拠点としたウガンダに、最後に灌漑稲作の拠点としてタンザニアを意識して配置した。タイトルはストレートに「アフリカ稲作振興」。正味15分くらいで作ったこのポンチ絵を副理事長に提出した。

すぐに副理事長秘書から連絡がきた。

「あれ、副理事長の受けが良かったよ」

そりゃあ良かった。どこか他人事のような感じで電話を聞いていたが、こ

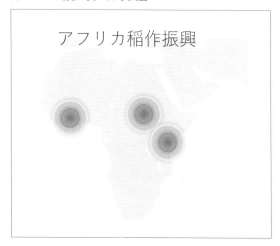

図24　CARD構想のきっかけになった図

アフリカ稲作振興

の電話を境に花井をはじめ農村開発部の毎日が一変する。

　連日副理事長から呼び出しがある。「国際場裏に打ちこむのだ」「国際イニシアチブにするんだ」「ドナーやパートナー国を巻き込め」と、矢継ぎ早に指示が飛んでくる。1つ宿題を返せば2つ新しい宿題をもらう。一日に何度も副理事長室に入る様子はまさに千本ノックだ。

　「ん、ちょっと待って」

　詰めが足りない所をごまかそうと端折った説明をすると、途端に待ったがかかる。打ち合わせに同行した徳田進平は、こんなディテールに拘るのかと目を丸くした。

　周囲は気の毒そうにそして体を壊さないか心配していたが、物事が進むスピード、関係者の輪が広がっていき勢いを増していく様は、それまでのJICA人生では経験したことが無かった。

　JICAの農業分野の協力は国際場裏の中では日陰の存在だった。良い事を地道に続けている自負はあったけれども、同時に古臭い、垢抜けない

仕事というある種のコンプレックスも感じていたかもしれない。楽ではなかった
けれどもやり切れたのは、世に打って出ること、その準備の過程で過去の
農業協力の意義、価値を再確認したことにカタルシスを感じていたかもしれ
ない、と花井は振り返る。

アフリカ稲作振興のための共同体（CARD）を立ち上げる

　ポンチ絵を出してから約半年。年が明けTICAD4が催される2008年を
迎えた。早速農村開発部は怒涛の毎日を過ごす。NERICAの開発者で
あり、アフリカにおける農業研究の調整・主導的役割を果たすアフリカ農業
研究フォーラム（FARA）の事務局長を務めるモンティ・ジョーンズ博士や、
ビル＆メリンダ・ゲイツ財団とロックフェラー財団が2006年9月に創設したばか
りのアフリカ緑の革命のための同盟（AGRA）と面会し、まだ名称も定
まっていなかったコンセプトをぶつけ反応を見に行くことになった。

　出張を決めてから日本国内の関係者との調整を始めた。ここで反対され
ると困ってしまう。幸いなことに否定的な声は皆無だった。

　2007年10月に世銀が25年ぶりに農業を取り上げた世界開発報告
（WDR）を発刊。翌月から食料価格が高騰し、途上国の農業開発の必
要性について世の中の認識が高まっていたことも追い風になったようだ。

　2008年5月には、市ヶ谷のJICA研究所で「TICAD4に向けた農業分
野専門家会合」が開催された。

　EAAPP[50]などアフリカの農業生産性向上に取り組んでいた世銀からの
出席者は、単一のコモディティに限定して国際イニシアチブを立ち上げるこ
との妥当性に疑義を呈した。なぜ生産面に偏るのか、食料安全保障は量
の問題ではなく分配の問題だという批判や、なぜコメなのかと。

　「解決すべき課題は山積であることに異論はないが、取り組み範囲を広

---

50) East African Agricultural Productivity Programme.

表25　CARDイニシアチブ立ち上げまでの経緯（2008年）

	コンセプト検討	関係者協議
1月〜3月	部内検討 部外関係者確認 パートナー候補機関確認	
1月第2週		AGRA ンゴンギ総裁、アナン会長、FARA ジョーンズ事務局長【副理事長出張】
2月第2週	国内関係者との検討会	
3月第4週	農業分野専門家会合	
5月第1週	CARD 名称の最終化 事務局機能の検討	AGRA ンゴンギ総裁、FARA ジョーンズ事務局長、WARDA 所長【副理事長出張】
5月第2週		事務所を通じたアフリカ諸国への説明、TICAD4 イベントへの参加勧奨
5月第4週	TICAD4 サイドイベントにて CARD ローンチ	
6月第4週		AfDB 主催会合にて MDBs、国連機関、食料問題関連機関、バイドナーに対し CARD 説明 【副理事長出張】
9月第4週	CARD 技術会合（コトヌー）	
10月第2週	AGRA 本部（ナイロビ）内に CARD 事務局立ち上げ	
10月第4週	CARD 本会合（ナイロビ）	

げればその分だけ深い取り組みが難しくなる。解決に向けたエントリーポイントとして捉えている」「アフリカの多くの国ではコメの需要は旺盛で、ほとんどの国で輸入超過。地域経済の観点からも少なくともアフリカ地域レベルの自給を目指すことは正当化され得る」「アフリカにおけるコメ増産の潜在可能性は国際的にも認められており、挑戦しない手はない」と大島副理事長が応じた。

　議論は平行線をたどったが、当時急浮上していた食料問題（食料の国際価格が急騰している中でエネルギー価格も高騰し、食用作物（主にトウモロコシ）がバイオ燃料の生産に転用され、食料価格の高騰に拍車がかかる）に対し、CARD は途上国開発の文脈から解決に向けてアプローチ

するものである、開発の世界で発言力を持つコフィ・アナン元国連事務総長、アフリカ諸国から一目置かれているナマンガ・ンゴンギ元WFP事務局次長らがいち早く賛意を示したことで、CARD立ち上げの機運が形成された。有力者の発言力は確かに大きかったが、何もなかったサバンナの平原が東アフリカ随一のコメ産地に変貌し、地域社会に活気と潤いをもたらした事実が、CARD構想の意義を雄弁かつ最も説得的に語っていた。

　2008年5月、横浜で開催された第4回TICADにおいて、CARDの発足が宣言された。

タンライス・プロジェクト

　大泉暢章は「灌漑農業技術普及支援体制強化計画プロジェクト」、通称タンライス（TANRICE）の業務調整員として、2007年6月にモシに赴任した。この後10年間以上をモシで暮らすことになる。

　エチオピアの「農民支援体制強化計画」プロジェクトの任期を終えた大泉は、アディスアベバから直接ダルエスサラームに移動した。たくさんの荷物があったが、案の定いくつかが紛失していた（ロストバゲージ）。のんびりと手続きを進める手荷物受取所の職員の様子に「これがポレポレ文化[51]か」と考えながら、ヤキモキする気持ちをごまかした。ようやく到着ターミナルの外に出た時には、乗るはずだったホテル行きのシャトルバスは出発していた。次のバスはいつ来るのだろうか、タクシーを使おうか、1台では荷物が納まりそうにないが2台に分かれることで荷物の行方を心配するのも億劫だなと考えをまとめられずにいると、1人の日本人が目に留まった。出迎えに来てくれた富高だった。

　タンライスのチーフアドバイザーである富高は、大泉より一足先にタンザニアに到着していた。KATC1が終了した1999年にモシを離れた後、ガーナ

51）pole pole（スワヒリ語で「ゆっくり」）。

の灌漑稲作プロジェクトのチーフアドバイザーとしてアクラに2年6カ月、ウガンダ農畜水産省配属の農業アドバイザーとしてカンパラに滞在した4年間を含めると実に7年半ぶりにタンザニアに居を構えることになった。

　タンライスはDADPを前提として実施することとされた。つまり県が策定する事業計画と調和的であることが求められた。県政府は予算手当に楽観的であった。ドナーからの財政支援を原資に、中央政府からそれまでにない規模の予算が配賦されたからだ。

　タンザニア側による費用分担はできるようになったのは良かった。浮いた研修費用の分だけ他の活動に回すことができる。ただ、権限移譲された地方行政組織の実力は千差万別。県行政長官（DED）、県農牧開発官（DALDO）の稲作に対する理解、関心もさまざま。KATCなど外部者が把握している稲作のポテンシャルを県政府が把握していないこともしばしばある。農家研修よりも水路整備のための工事を発注することこそが行政の仕事だと考える者も多い。

　県の理解と同意を得るためには、研修の有効性を示すのが一番。けれどもMATIの力量は未知であった。KATCで開発した普及員と農家との合同研修はウリなので外せない。コメづくりを一から学んでもらわないといけないだろう。各地のMATIをKATC並みのサービスプロバイダーに育成しながら、県政府を通じて全国の稲作農家に研修を届ける。タンライスに課された使命の大きさ、携わる関係者の多さから、富高は「5年の協力期間で果たしてやり切れるだろうか」という思いを抱かずにいられなかった。

　プロジェクトの運営のために関係機関、職位を違えてたくさんの会議を持つ。富高は時には農業省の次官や局長に対してもストレートに課題をぶつける。横で聞いている大泉はその度にハラハラするのだが、どういう訳か恨まれることがない。むしろ「まいったなぁ」と苦笑いが起き、会議が終わる頃には「しょうがないな、やってみるか」という雰囲気ができ上がっていた。

チームタンザニアの地力

　タンライスが始まって少しして、東京から大島副理事長がタンザニアに出張した。ローア・モシ地区にもやってきて、タンライスの専門家が案内をした。車で移動しながら広大な受益地を見て回る。意見交換のために受益農家に集まってもらっていたとある水路脇でのこと、車を降りた途端、富高の口調がそれまでとは一変した。

　「水路の草取りもできずにいることが俺は本当に恥ずかしい」

　「JICAが永遠に支援し続けてくれる訳ではないぞ」

　「自分たちで大事にしていかないといけない」

　嘆きと叱咤の声を上げる富高。

　何事かと目を丸くした視察者たちに、後になって富高が明かす。全国平均の3倍以上の単収を普通に上げられるところまできたが、水路の草取りはおろそかになりがちなので、こうやって時折喝をいれるのだと。

　灌漑地区が持続的に発展するかどうかは、農家たちが自律的に行動できるかいなかに懸かっている。地域に広がる灌漑施設の運営と維持管理は、それを利用する農家全員で取り組む必要がある。そこには規律が必要で、利害調整をするために水利組合という組織を形成するのだが、組織作りはテキストを渡し理屈を教えて済むものではない。KADPプロジェクトが終了を迎え、ローア・モシ地区の運営を住民に移管するために水利組合を立ち上げた時のことや、無償資金協力で整備したヌドゥング灌漑事業地区や、ムウェガ灌漑事業地区での日本人専門家の奮闘（後述事例2件を参照）を知っている富高の言葉には迫力がある。

　富高の手の内を知っているKATCの教官やローア・モシ地区の農家も、富高の言葉には毎度ハッとさせられるようだ。信念から発せられるメッセージは一貫していてブレがないのだろう。大泉は技術協力そして専門家の本質の一端を見た気がした。

KATCはタンザニア人のみならず、他国の関係者にも刺激を与える。

　2009年2月、タンライスの専門家は農業省職員とともに、ベナンのコトヌーに来た。WARDA本部[52]の会議室には11のアフリカ諸国農業省職員と、それぞれの国で実施しているJICAの農業プロジェクト専門家や事務所員が集まり、前年のCARD立ち上げ時に合意した各国の稲作振興戦略（NRDS）策定の作業経過を共有することになっていた。

　2007年に世界中を震撼させた食料価格危機の記憶が新しい各国農業省の関心は、コメ生産量の増加にあった。新たな開墾余地は狭まっていたこともあり、どの国も判を押したように土地生産性を高める考えが表明された。そのような中で唯一ナイジェリアとタンザニアの2カ国だけが、収穫をいかに高く売って農家所得を上げるか、そのためのコメの品質、収穫後処理（ポストハーベスト）や流通段階の課題にまで議論していた。他のグループの議論が一段落しても濃密な議論を続けるタンライスの専門家とタンザニア農業省の代表の姿は、異彩を放っていた。

　ナイロビにあるAGRA本部の一角に設けられたCARD事務局に派遣された初代JICA専門家の平岡洋は、タンザニアチームの中で当たり前のように共有されている情報の量と質、そしてきたんなくやり取りできる信頼の深さに気が付いた。

　さらに翌年の5月、第3回CARD総会がタンザニアのアルーシャで催された。各国からの参加者はローア・モシ地区を訪問し、まさに1年前にコトヌーでタンザニアチームが語っていたことの生きた事例を目の当たりにした。有形無形の知見がタンザニアに豊富にあり、そしてその知見は望めばKATCを通じて誰でも利用できる。総会を無事終えてナイロビに戻った平岡は、KATCは、CARDの構想、実現そして実行のすべての過程で決して欠くことのできない要素であることを再認識したのであった。

52）ホスト国の政情、治安情勢の変化のため本部が数度移転している。

水利組合の支援例1	ヌドゥング灌漑事業地区

　キリマンジャロ州サメ県ヌドゥング村をはじめ3村にまたがり、受益面積680haに及ぶヌドゥング灌漑事業地区。同地区の灌漑事業は、ローア・モシ地区が整備されるきっかけとなったのと同じ開発調査に端を発する。キリマンジャロ州の東隣のタンガ州県境に位置し、ダルエスサラームに向かう幹線道路からパレ山脈の裏側（北東）に入ったところで、交通の便は悪い。安定した河川があり伝統的に稲作が行われたことから、ローア・モシ地区の成功を模倣する適地として、無償資金協力の対象として選ばれた。

　ヌドゥング灌漑事業はローア・モシスキームが完工した翌年の1988年に着工、1990年に完成した。さらに、食糧増産支援無償資金協力によってトラクター27台およびアタッチメントが贈与された。ヌドゥング地区を運営する受益者組織CHAWAMPYO（チャワンピョ）がこれら機材を管理した。機械の保守に加えて、作付計画や水配分計画の立案、灌漑施設の管理の任にあるが、ウジャマー政策時代の共産主義的な協同組合の名残もあり、トラクターによる組合員に対する賃耕作業の管理と農業資材の共同購入以外は、キリマンジャロ州政府のヌドゥング事業部署が行っていた。

　お金の集まるところには不正も起こる。政府職員はトラクターを私的利用して日常的に利益を得ていた。その一方、稲作や水管理の指導はなおざり。普段は170km離れたモシ市の州庁舎にいて、辺鄙なヌドゥング地区への転勤には強固に抵抗した（チャガ族が多いモシとパレ族が住むヌドゥングという側面も影響）。非現実的な生産計画を立て、達成できないとチャワンピョや農家が怠慢であるなどと非難する。農家の方も、突然手にすることになった近代的な水利施設を伴った3反の水田区画、整備された農道、最新のトラクターを自分たちで守るという意識は醸成されていなかった。むしろ問題が起きれば役所に陳情すればまたタダで手に入

るだろうとの風潮。政府職員も農家のいずれも当事者意識に乏しく、そのために責任の押し付け合い、非難の応酬ばかりでおよそ信頼関係などなかった。

チャワンピョ内でも問題があった。賃耕収入や農業資材の共同購入資金、収穫物の販売収入を組合理事が着服する事例が一度ならず発生していた。本来組合員である農家の利益になるはずの種々の経済活動が、役人による搾取の手段と捉えられ、農家はチャワンピョを信頼せず、その活動や組織運営に無関心、消極的であった。

1998年から3年間、JICA専門家が取り組んだのは、破綻した組合組織への信頼の回復で、そのために行政、組合、組合員である農家、関係するすべて者の権利と義務を周知徹底させること。具体的には、組合の経済活動は賃耕サービスに専念することとし、農業機械の維持管理費を確保する。賃耕サービスの満足度を高めることで農家の組合への信頼を向上させ、組合加入と水利費徴収が促される、という好循環を生み出そうとした。

農家の不信感を払拭するための啓発活動も大事な活動だった。地区内のあちこちに設置した掲示板やスピーカーで、情報提供や集会の告知が行き渡るようにした。また、集会を行う際も不在者が多い日中ではなく夜間に開催したり、会合中も一方的な伝達にならないよう出席者が発言する機会をつくることはもちろんのこと、ビデオ投影をして娯楽の要素を盛り込む工夫をした。

それでも、誰一人会場に現れない時もあった。女性向けの集会で、イスラム教徒が多い土地柄だからと考えたが、驚くことに「指導されたとおりの株間で田植えをしていない者は逮捕される」という噂が広まっていたことが欠席の理由であることが後で分かった。自然相手の仕事も理屈どおりにいかないが、人間相手の仕事も奥が深い。

3年間の活動で6％台だった組合加入率は3倍の約20％にまで上昇さ

せることができた。

水利組合の支援例2	ムウェガ灌漑事業地区

　ムウェガ灌漑事業地区はダルエスサラームから西方200km、モロゴロ州キロサ県にある。3つの村を流れるムウェガ川から取水して伝統的な灌漑が行われた地区。洪水被害に度々見舞われていたため、一帯を統合する形で整備がされた。取水堰（頭首工）から1次水路の端まで約15km、受益面積は580ha。

　ヌドゥング灌漑事業地区の経験を踏まえ、事業を構想した段階では住民参加型工事や農民組合の強化が提言された[53]。しかし、2000年11月に着工した無償資金協力事業には住民参加型工事等の指導を行う専門家の派遣が含まれず、別個の技術協力事業として派遣を計画することになった。各種調整に時間を要し、最初の短期専門家の派遣は着工から1年経過した2001年11月。それまでの間は農業省アドバイザー（於ダルエスサラーム）、ヌドゥング地区とKADPの指導のためにモシに派遣されていた長期専門家の3名によって側面支援を行った[54]。2002年には組合強化のための長期専門家が着任した（2004年まで）。

　CHAUMWE（チャウメ）と称するムウェガ地区の組合で真っ先に取り組んだのが、加入率の向上と水利費の徴収率の向上であり、その前提となる意味のある組織運営体制の構築である。一般的に組合の役員は村の名士が理事に選ばれがちで、ムウェガ地区でもそうであったが、役員の選出単位を村単位から水路（配水ブロック＝水掛かり）単位に改めた。さらに、役員の改選基準も変更した。所定の任期ごとに改選するのが一般

53）ワミ川中流域灌漑農業開発計画調査（1996-97）。
54）KADPプロジェクトが1993年3月に終了した後、ローア・モシ地区支援のためにJICAは4名の個別専門家を派遣した：農業機械（1993-2000）、農業普及（稲作組合担当）（1993-97）、組合運営管理（2000-02）。

的で、ムウェガ地区では1/3の役員が任期満了ごとに改選していたのだが、成果主義方式に改め、水利費の徴収率が悪い役員を改選することとした。併せて農家が負担しやすい水利費水準を設定した。さらに農業を営んでいないが、洗濯やレンガ造りのために水路を流れる水を利用している者にも水路清掃への参加を課した。そうして農家の不平・不満や水利費徴収を免れる口実を減らし、灌漑施設が地域で共有、管理する財産であるとの認識を広めた。

この変化が生まれるまでに2年間を費やした。毎月理事会を開催したが、役員が出席してくれないと理事会は成立しない。理事会に出席するために片道2時間歩かなければならない役員もいる。組合と理事会の必要性と意義に納得してもらえるかが鍵になる。

時には組合内では対処し難い事態に直面することもある。生活が困窮して水利費が払えない者や、ルールを無視する困り者への対処は、組合といっても同じような立場の農家の集まりであるので躊躇が生じたり、実効力に乏しかったりする。ムウェガ地区では村議会や宗教組織の関与を求めた。組合の結束や運営基盤がぜい弱な段階では、外部からの応援、支援が決定的に重要である。ムウェガ地区では地区行政官（WEO）が重要な役割を果たした。本来であれば県の灌漑技術者が一義的な任にあるが、オフィスのあるキロサ市からムウェガ地区までは車でも4時間を要する。県事務所の予算は貧弱で、日本人専門家が出張手当と交通手段を用意しなければ現場に来られないのが現実であり、組合の見守り役として頼れるのはWEOしかいなかった。幸い熱心なWEOのお陰で専門家が不在にしなければならない時も心配はなかった。しかし、異動のためにこのWEOが転出してしまうと組合活動は停滞してしまった。専門家が後任WEOに働きかけて、前任と同様の支援が得られるようになると組合活動もまた活発になった。

組織作りは根気の要る地道な作業である。定款を作り書き物で農家、

組合役員に「教え」ただけでは血が通った組織には決してならない。ムウェガ地区は無償資金協力の工事が行われている最中に、均平や末端水路の整備に（将来の）受益農家を動員している。農家は少なからず「自分が作った灌漑スキーム」との思いを有しているはずであるが、それでもこれだけの労力と時間を要した。

　ヌドゥング地区のように、工事業者が完成させた水路に水が流れるようになった後になってから「これからは農家の皆さんで管理して長く使ってくださいね」と言うようでは、問題が噴出するであろうことは想像に難くない。

　事業への住民参加や巻き込みが大事なのはこれが理由であり、まさに「Easy come, Easy go」だからである。

第 7 章
支援の厚みを増す

コメ生産振興プログラム

　日本政府のタンザニア農業分野に対する支援方針は次のとおり更新された。

　　農業分野は、タンザニアにおける経済成長の核であるとともに貧困削減の鍵である。我が国は一般財政支援（GBS：General Budget Support）及び「農業セクター開発プログラム（ASDP：Agriculture Sector Development Programme）」の枠組みにおける緊密な政策対話を通じて、政策策定及びその実施枠組みの構築等に貢献してきた。今後も、ASDP を支援していくとともに、政策支援、灌漑開発支援、人材育成、稲作技術の向上とその普及を中心に支援する。具体的には、ASDP をより効果的・効率的に運営・実施するために中央レベルの農業セクター関連省庁に対する事業管理能力支援を継続するとともに、ASDP 最大の課題である県レベルの事業実施能力を向上させるため、県農業開発計画（DADP：District Agricultural Development Plan）の策定、実施及びモニタリング・評価のための体制整備・人材育成を支援していく。

　　主要作物の生産性向上に関して、我が国は灌漑開発、稲作技術支援を継続的に実施してきた。今後も、TICADIV で表明したサブサハラ・アフリカのコメ生産量の倍増を目標として推進中のアフリカ稲作振興のための共同体（CARD：Coalition for African Rice Development）イニシアティブに基づき、コメの生産倍増に向けた協力を行っていく。ネリカ稲（NERICA：New Rice for Africa）については、灌漑開発不適地に対する土地生産性向上策の一環として、その研究と生産振興を支援していく。（外務省2009）

技術協力などのプロジェクトによる支援だけでなく、財政支援をはじめとす

る資金協力を組み合わせていくこと、そして、中央で政策枠組み作り支援を行い行政と人々をつなぐシステム作りを支援するのと同時に、公共サービスが行われる地方の現場において人材育成、行政能力向上などに取り組むことが明言された。

これを具体的に実行に移すために、農業政策と政策実施面でのASDPとDADP支援、灌漑開発と稲作振興、そして日本が主導する国際的取り組みであるCARDとNERICAイニシアチブという3つの重要活動領域が設定された。これらすべての領域に携わるタンライスは、コメ農家の育成に留まらず、関連するプロジェクト間で相乗効果が発揮されるような貢献も期待されるようになった。

タンザニア全土に研修拠点を展開

キロンベロ県に「ソルジャー」と呼ばれて親しまれている中核農家がいる。忙しい普及員の代わりに研修の日程調整や、現地研修後の圃場の様子、作柄などMATIの教官たちとやり取りをする。その真面目な対応ぶりに教官たちは絶大な信頼を寄せている。その素晴らしい仕事ぶりは軍隊仕込みかと冗談のつもりで発した大泉の問いかけに、彼は予想外な答えを返した。軍の用事でとあるコメどころを通りがかった。一面に広がる水田にたくさんのコメが育っている光景は、日本人がかつてここで指導したからだと聞いた。自分たちにも日本人が教えてくれるのだから嬉しくて仕方がない、と。

そのコメどころはバガモヨ市の近くにある。ダルエスサラームの北西約60kmと近いこともあり、ダルエスサラームではバガモヨ米はちょっとしたブランドになっている。ルブ川沿いのこの場所で、小規模農家の所得向上を目指した灌漑開発が構想されたのが1980年代中頃。管轄するコースト州政府はその実現を、キリマンジャロ州で稲作支援を展開している日本政府に要請した。1986年に最初のJICA専門家が派遣されて以降、長期専門家2名の体制で2000年まで指導が行われ、日本人専門家の指導を受けた農家

図26　コメ生産振興プログラムを構成する事業

協力プログラム名	スキーム	案件名	年度 07以前	08	09	10	11	12	13	14	15	16	17	18	19
コメ生産振興プログラム（ASDP推進（～2012）／タンライス推進（2012～2017））	開発計画	地方開発セクタープログラム策定支援調査フェーズ2		●											
	技プロ	よりよい県農業開発計画作りと事業実施体制作り支援		●			●								
	無償	ASDPバスケットファンド		△											
	技プロ	ASDP事業実施監理能力強化計画	●												
	国別研修	ASDP事業実施監理能力強化計画フェーズ2													
	技プロ	地方農業開発				●									
	技プロ	ASDP農業定期データシステム能力強化計画								●	●				
	技プロ	灌漑農業技術普及支援体制強化計画（タンライス1）	●				●								
	国別研修	コメ振興支援計画（タンライス2）							●				●		
	国別研修	稲研究人材育成（長期研修）								●		●			
	技プロ	DADP灌漑事業ガイドライン策定・訓練計画													
	技プロ	DADP灌漑事業推進のための能力強化計画（TANCAID）	●				●								
	国別研修	DADP灌漑事業推進のための能力強化計画フェーズ2（TANCAID2）	●							●					●
	国別研修	灌漑開発行政	●				●								
	専門家	灌漑施設の設計								●	●		●		
	専門家	灌漑圃場・施設の施工管理								●					
	技プロ	アルーシャ工科大学灌漑人材育成能力強化										●		●	
	開発計画	全国灌漑マスタープラン改訂									●	●			
プログラム外	有償	小規模灌漑開発計画						△							
	無償	食料援助（KR）	△	△	△	△	△	△	△						
	無償	貧困農民支援無償（2KR）	△	△	△	△	△	△	△						
地方行政改革支援（2010～）	無償	地方自治体開発交付金バスケットファンド	△	△	△	△									
	無償	地方自治改革支援（LGRP2）バスケットファンド	△	△	△										
	無償	PRS/貧困モニタリングバスケットファンド	△												
公共財政管理改革支援（2010～）	有償	公共財政管理改革バスケットファンド	△	△	△	△	△	△							
	有償	貧困削減支援借款	△	△	△	△	△	△							

凡例：開発計画（開発計画/開発調査）、技プロ（技術協力プロジェクト）、無償（無償資金協力）、専門家（個別専門家）、有償（有償資金協力）。
課題別研修/海外協力隊は除く。地方行政関連はDADPに関係する財政支援のみ掲載。

の平均収量はhaあたり1.4トンから5トン以上を記録するまでに上昇した。

　日本の技術に全幅の信頼と期待を寄せてくれるソルジャーのお陰で、訪れるといつも村総出で出迎えてくれ、研修は毎回活気にあふれている。

　意図せず専門家の先達たちがタンザニアに遺(のこ)した成果に出会い、巡り巡って今自分たちの活動が助けられていることを大泉は知る。技術協力に携わる専門家たちが口々に、「真に役に立つものであれば、政府が何もしなくても農家は活用し拡がっていく」と語っていたことを理解した気がした。

　タンザニア全土に灌漑稲作研修を届けるという目標を掲げたタンライス1は、北部ビクトリア湖畔地域を担当するウキルグル農業研修所（ムワンザ州）、中央部を担当するイロンガ農業研修所（モロゴロ州）、南部を担当するイグルシ農業研究所（ムベヤ州）[55]と、ザンジバルのキジンバニ農業研究所（KATI）から担当職員が配置され、タンザニア側だけで116名に上る大所帯となった。プロジェクト開始から4カ月目の2007年10月にはKATCによる最初の現況把握がモンドゥリ県マヘンデ地区で行われた。これを皮切りに以降2012年3月までに220回を超える灌漑稲作研修活動が行われた[56]。

　タンライス1では、集合研修に参加する中核農家をKATC2プロジェクトの20人から16人に削減した。同様に中間農家を中核農家1名につき5名

表27　タンライス1の灌漑稲作研修実績

MATI	KATC	イグルシ	イロンガ	ウキルグル	KATI	合計
回数	51	67	58	37	16	229
地区数※	13	12	11	6	4	46

※県や中央政府の予算に合わせて研修パッケージの内容を簡素化したものを含む。

出所：JICA（2012）、ボルト（2012）を基に筆者作成

55）ムベヤ州には Ms. ムティカも通った作物生産コースで知られるウヨレ農業研修所があるが、近くに複数の灌漑事業地があり MATI の中で唯一灌漑のディプロマ（diploma）コースを開設しているイグルシ農業研修所がより適当と判断された。

56）KATC2 で実施した研修パッケージの系譜を継ぐものでタンライス・プロジェクトでは一般研修（Standard training course）と呼ばれた。

としていたものを、地区の規模に応じて3～5名と柔軟性を持たせ、集合研修の期間を3週間から2週間に、3回の現地研修を2作期間繰り返して述べ6回実施していたものを1作期間のみ（3回）に変更している。これは研修パッケージに要する費用を圧縮し、県の負担を軽減してより多くの灌漑地区で農家研修が開催される（持続可能性を高める）ことを狙った改良であるが、基本的な方法論は継承されている。

　タンライス研修を実施するにあたり、ASDPとDADP予算配賦があることを念頭に、現況把握とフォローアップはタンライス1プロジェクトが負担し、現

表28　KATC2プロジェクトとタンライス1の灌漑稲作研修の比較

	KATC2 プロジェクト	灌漑農業技術普及支援体制強化計画（タンライス1）
協力期間	2001 年 10 月～2006 年 9 月	2007 年 6 月～2012 年 6 月
地区数	6	46
普及アプローチの構成（1 作あたり）	現況把握 KATC での集合研修（3 週間） 現地研修 1 作期目は 3 回（苗代・本田準備期、幼穂形成期、収穫前）、2 作期目は 4 回（田植え期を追加） 幼穂形成期、収穫前の現地研修会の最終日にフィールド・デイを開催し、指導内容を共有 フォローアップ（収穫後 1 カ月頃） 最終日にファーマーズ・デイを開催し、各作期の成果を共有	現況把握 KATC での集合研修（2 週間） 現地研修 1 作期間に 3 回（苗代・本田準備期、田植え期、収穫前）のみ 収穫前の現地研修会の最終日にフィールド・デイを開催し、指導内容を共有 フォローアップ（収穫後 1 カ月頃、1 年後）
指導対象（地区あたり）	中核農家：20 名 中間農家：100 名 その他の農家：200 名（フィールド・デイ、ファーマーズ・デイに参加） 普及員等：普及員（VAEO）、県灌漑技術員（Irrigation Technician: IT）、灌漑事業地区長（Irrigation Scheme Leader）	中核農家：16 名 中間農家：48～80 名 その他の農家：人数目安は設定せず 普及員等：県職員（VAEO、IT など）2 名、農民リーダー 2 名
その他参加者	村長（Village Chairman）など	同左

表29　タンライス1の灌漑稲作研修（一般研修）の経費負担割合

MATI	県	農業省	その他	JICA	合計
KATC	27%	17%	―	55%	100%
イグルシ	59%	5%	―	36%	100%
イロンガ	55%	10%	―	34%	100%
ウキルグル	59%	7%	―	34%	100%
KATI	-	21%	5%	75%	100%
合　計	46% (51%)	9% (10%)	2% (―)	43% (40%)	100% (100%)

注：四捨五入のために合計が合わない。（　）内はザンジバルを除いた集計値。

出所：ボルト（2012）を基に筆者作成

地研修と3回の現地研修は県が負担することを取り決めた。この合意に基づき県の予算措置が済んだ地区から実施することを基本とした。合意どおりに分担がなされると県の負担は1,600万シリング、プロジェクトの負担は500万シリングほどが見込まれ、割合にして3：1になる。研修可能な時期やMATIの予定が決まっていて急な入れ替えができない時はプロジェクトが負担することもあったが、イグルシ、イロンガ、ウキルグルの3研修所の実施分では県政府がおおむね取り決めどおりの支出を行い、全体でもタンザニア

バガモヨ灌漑地区の収穫風景（1999年撮影）　　　　　　　　　提供：JICA

側の負担が6割を超えた。

NERICAの栽培に挑戦

　NERICAのタンザニアでの普及の拠点は、KATCに常駐するタンライス専門家が担った。まずは、タンザニア国内で公に栽培するために品種登録を行わなければならない。

　タンザニアの天水稲作の収量は極めて低い。陸稲（rainfed upland）ではhaあたり0.5トン、陸稲よりも若干条件のよい低湿地（lowland swanp）でもhaあたり1トン程度といわれていた。大幅な改善の余地がある灌漑条件下での平均的な収量がhaあたり2トンであるから、半分以下である。

　陸稲地域ではMlinoariやSalamaといった品種が農家に好まれているようであるが、これらは生育期間が130〜140日間ほどの晩生品種である。125日間のIR54よりも長い。天水条件下でコメをつくろうとする時、最大の制約要因である降雨量に加えて、栽培する品種の生育期間の長さも重要な要素。

　タンザニアの降雨パターンは、1年のうち1回の大雨期（12月から4月の5カ月間）がある場合と、大雨期（3月から5月の3カ月間）の後に小雨期（10月から12月の3カ月）を伴う場合とがある。しかしいずれも、在来品種を育てる場合は生育期間の最中に雨期が終わってしまい、水不足のために終盤の成長が阻害され減収となる問題があった。早生品種であればこの問題を克服できる可能性がある。

　発芽から90〜100日間で収穫ができ、天水条件下でも生育し、haあたり4〜7トンという高い収量が期待できるNERICAに寄せられる期待は大きい。

　JICAの異なる部署が関わり、NERICAを開発したWARDAからKA-

---

57) 畑で栽培される稲のことで、水稲と同じ種（*Oriza sativa L.*）に属し植物学的な差はない。水分条件が厳しい環境で長年栽培され選抜されてきた在来種には、水稲とは異なる特徴が多く確認される。

TRINが60もの異なるNERICA種子を入手するのを支援した。タンライスの支援のもとで、タンザニアの環境に適すると思われた数品種の栽培試験が始まった。

　全国の農家圃場での栽培試験（現地適用化試験）を経て2019年12月、タンザニアで初めて5品種[58]のNERICAが公式に登録された。

　現地適用化試験では、ウガンダでNERICA普及の任に当たっていた坪井達史専門家にも出張してもらったのだが、タンザニアの稲研究は科学的試験とは何かという基礎の指導から始める必要があった。さらには、タンザニアの品種登録に関する規定では、東アフリカ共同体加盟国で実施された試験結果があればタンザニア国内での試験を省略できることや、そもそも現地適用化試験を行うにしても、農家圃場で行う必要はなく試験研究機関の圃場で行うことが認められていたことが後に判明した。タンザニアの稲研究者も品種登録の手続きについて良く分かっていなかった。タンザニアの農業研究能力に関してもあらゆる面で改善余地が大きい。

　品種登録の後は種子の数を増やさなければならない。タンザニアでは農業種子公社（ASA）が公式に認証された種子の増殖を担っているのだが、ASAは農家から需要がある品種の生産で手一杯であることもあり、登録されたばかりのNERICA種子の生産に消極的であった。残るは原原種供給機関であるKATRINで生産せざるを得ないのだが、KATRINの生産能力に余力はなかった。やむなく農業省と交渉し、タンライスの実施に関わっているMATIイロンガの圃場で種子増殖をする許可を取り付けた。

　こうして2010年に5トンのNERICA1種子を確保することができた。2010年末からの作期にKATC、MATIイロンガ、MATIイグルシ、MATIウキルグル、MATIムトワラの5カ所でNERICA研修を実施した。2011年末

---

58) NERICA1、NERICA2、NERICA4、NERICA7、WAB450-12-2-BL1-DV4。

からの作期では、MATIトゥンビ、MATIマルクを新たに加えて農家研修を開催。研修に参加した農家は15県67村から約230名。

NERICA研修でも農家間普及のアプローチを応用した。MATIでの研修を受講した中核農家一人ひとりに5kgのNERICA1の種子を持たせる。村に戻ってから3名の仲間（中間農家）と一緒に自分たちの農地のうち0.1haを使って、NERICAを栽培。条播、点播など異なる栽培方法を試しながら、近所の農家への展示も狙う。0.1haからは100kg前後の収穫が期待されるが、そのうちの15kgをNERICA栽培に関心を持った新たな農家3名の種籾として配る。こうして2作繰り返すだけで中核農家の村には16名の農家がNERICA栽培経験と種籾を手にする。3作繰り返せば48の展示圃場ができ上がり、約5トンのNERICA1の収穫が期待できるという算段である。近隣に種籾を配る余力は十分。このような場所が全国に15カ所できあがるのだ。自家採種では時間の経過とともに交雑が進むから、農家が種子を更新できるように政府には純度の高い種子[59]の供給体制を整えるという課題は残るが、NERICA種子が手に入らないという問題への1つの解決策を講じることができた。

2010/11作期の収量は次のとおり。作付けが遅れたために生育終期の水不足に見舞われたグループはhaあたり0.2〜0.6トンに留まったが、それ以外はhaあたり1.2トン以上、最高は2.8トンを記録した。無灌漑、無施肥でこの数字は決して悪いものではない。中核農家と中間農家の間にも収量に差が確認された（それぞれhaあたり1.23トン、0.97トン）。NERICAの潜在能力を引き出すのは農家であり、農家研修が重要な役割を果たしていることを再確認する結果であった。

59）認証種子、原種種子。

　研修中、いまいち盛り上がっていないとき、農家が眠そうなとき、勢いをつけたいとき、教官が次に話す内容を思い出すまでの時間稼ぎのため（？）、タンザニアでは定番の掛け合いがある。

　「Wakulima oh yeah！（農民オーイエー）」と握りこぶしを突き上げながら大声で呼びかけるKATCの教官。

　「Oh yeah！！」と農家たち。

　二度三度繰り返すと、ついさっきまで生気のなかった農家も間違いなく応えてくれて、全員の注目が再び集ある。まるで音楽ライブのよう。

　掛け声のWakulima（農民）の部分は色々なアレンジがされる。KATC教官たちは、「キリモ（Kilimo：農業）オーイエー」、「ムプンガ（Mpunga：コメ）オーイエー」、「Kilimo cha umwagiliaji（灌漑農業）オーイエー」といったり、地名を使ったりする。

　時にはoh yeahの代わりに「おじさんたちー」「おばさんたちー」だったり、研修内容に関連したキーワードで呼びかけたりもする。

　作業日誌の説明をするセッションの例。

オーイエー

「クンブクンブ（Kumbukumbu）！」 日誌！

「アンディカ（Andika）」 書け！

そして灌漑地区オリジナルの掛け声もあったりする。

キロサ県のムウェガ（Mwega）地区の例。

「チャウメ（CHAUMWE）！（組合の名前）」

「マエンデレオ　トゥバディリケ　トゥエンデ　ナ　ワカティ（Maendeleo, Tubadilike, Tuwende na wakati）！！」発展　みんなで変わろう　今すぐに！！

コログウェ県のモンボ（Mombo）地区の例。

「マエンデレオ（Maendeleo）！」 発展！

「モンボ　ハクナ　クララ（Mombo, Hakuna kulala）！！」モンボは寝ない！！（寝ないで一生懸命やるんだという意味）

　元気づける役は教官だけはなく、農家たちもお互いを奮い立たせている。座学中に集中力が切れそうな時に「眠るな　戦いは続いているぞ」と歌う村があれば、力仕事をやっている傍で即興の掛け声が沸き起こるなど、楽しみながら皆が協力して活気ある研修を作り上げる。

「実習だ　今日は実習だ」「獰猛なライオンよ　壊せ壊せ　全部壊せ」

政権交代で減る農業投資

　2015年11月に鈴木文彦がJICA事務所に農業担当として赴任する。マグフリ大統領[60]が選出された直後のことだ。

　同年10月に発足したマグフリ政権は大型インフラ整備案件の実行を次々と決定し、この影響で農業セクターへの政府資金の配分は低下の一途をたどった。ASDPバスケットが開設された2006年には、日本を含むドナー6カ国が合わせて4億ドルに迫る資金を投入したが、そのドナーも2012/2013年度以降はコモン・バスケットへの資金投入は行っていない。2008年のリーマンショック以降自国経済の立て直しの必要に迫られ、開発途上国に対する財政支援に消極的になったドナー国の政策変更（政権交代）と無関係ではない[61]。

図30　2011～18年農業関連予算の推移

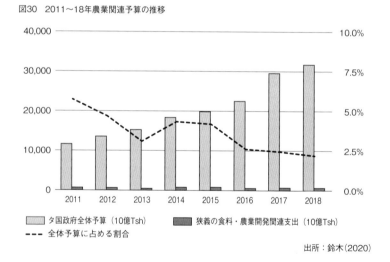

出所：鈴木（2020）

60）John Magufuli。2015 ～ 2021 在任。
61）加えて、南南協力を行うブラジル、中国などの新興ドナー、市民社会組織（CSO）、慈善団体・財団、民間企業といった非伝統的ドナーの台頭も、DAC加盟国や援助機関主導で進められた財政支援に代表される画一的な方法論に対する求心力を低下させたと思われる。

　コメの自給を達成し、輸出による一層の外貨獲得が現実的といえるまでになったタンザニアだが、マグフリ政権は農業部門への投資には関心が無かった。世銀のタンザニア南部農業成長回廊（SAGCOT）プロジェクト[62]が、タンザニア政府の突然の通告で急遽終了することになった（2018年末）。事前の連絡、一度の協議もなく中止することになった案件は世界中の世銀プロジェクトを見渡してもこれだけであろう。その異例な対応は、鈴木をはじめとする各国の援助関係者に大きな驚きを与えた。

　予兆はあった。毎年40〜50億円規模の事業を継続していたIFADは、マグフリ政権になった途端にタンザニア財務省の関心が明らかに低下したことを感じていた。ローマからIFAD幹部がタンザニアに出張し対話を試みたが、マグフリ政権に交代した後に新たな事業に合意することはできなかった。さらに、自ら要請し新年度の予算書にも明記していた世銀案件（CFAST）[63]が、融資承諾に関する世銀の理事会直前までプロセスが進んだ段階でタンザニア側は借入要請を取り下げた（2016年末）。CFASTはASDPの枠組みの中でドナー、タンザニア農業省とも意見・情報交換しながら形成された案件で、タンライスが実施していたMATIでの農家研修の実施が事業スコープに含まれていただけに、鈴木にとっても忸怩たる思いがこみ上げた。

　「Kilimo Kwanza（農業第一）」というフレーズで、農業近代化を核とする開発方針を掲げた前の大統領[64]とは真逆。SAGCOT構想も前大統領の肝入りで、世銀のほか、英（DFID）、米（USAID）、ノルウェー、AGRAなどのドナー、国際機関が賛同していた。

　日本は2006年度から2014年度までに貧困削減支援借款を合計125億

62）Southern Agricultural Growth Corridor of Tanzania Investment.

63）Catalyzing the Future Agri-food Systems of Tanzania Project.

64）キクウェテ（Jakaya Kikwete）第4代大統領。2005〜2015在任。

円、2007年度から2011年度までに農業および地方行政セクターのコモン・バスケットに対し、総額17.7億円の無償資金協力を供与した。

　技術協力の面でも前掲の図26に示すように、灌漑稲作技術の指導（タンライス）、灌漑施設整備に関する現場レベルの能力強化（TANCAID）、灌漑施設整備のための円借款（小規模灌漑開発計画）と、多面的な支援を展開。プロジェクト間で役割を分担し、最適なタイミングでそれぞれの活動が展開されるよう情報共有と調整を続けていた。近くに出張する機会があれば時間をつくってお互いのオフィスを訪問したり、時にはダルエスサラームのJICA事務所に集まったりということを重ね、円借款で灌漑施設を整備した灌漑地区に対して、TANCAIDで施設の維持管理を指導し、維持管理がしっかりと行われているところには、さらに「コメ振興支援計画プロジェクト（タンライス2）」の研修を受講してもらうようにした。

　しかし、マグフリ大統領は農家や普及員の能力強化は投資に足る成果を挙げないと考えている模様で、エアタンザニア航空の経営支援、ダルエスサラームからモロゴロ、ドドマを通ってブルンジまでつなぐ鉄道路線の建設、ルフィジ川の大規模水力発電所建設などを最重要事業として優先的な予算配分を行った。資金の原資は商業銀行からの借入である。ドナーが自国の内政に口を出すことを良く思っていないようでもあり、より有利（譲許的）な条件の援助資金であっても、政権の重点分野に合致しない事業には借り入れないとのマグフリ政権の立場は明確で強固であった。セクターバスケットに加えてASDPやDADPの原資になっていたPRSP導入と連動した一般財政支援は、2014/2015年度に対する世銀の第11次貧困削減支援融資（PRSC）が最後となった。

　タンライス1で60％を超えていたタンザニア側による一般研修の費用負担割合は、2012年11月からのタンライス2では大きく低下した。県政府や農業省が負担しやすいようにとタンライス1でスリム化した一般研修のさらなる簡素化に取り組んだ。費用と農家の学習効果とのバランスに悩みながら、い

くつものバリエーションを開発。しかし、一般財政支援が行われなくなった2015/2016年度以降タンザニア側の負担は激減し、2017/2018年度以降は1%にも満たなかった。[66]

表31　タンライス2で実施した一般研修

	一般研修	改訂版一般研修			
		試行版1	試行版2	試行版3	最終版
指導対象数　（中核農家）	16	16	10	10	8
（中間農家）	80	80	50	50	40
農業普及員への研修	—	—	3日間	3日間	4日間
研修パッケージ構成					
1. ベースライン調査	4日間	4日間	4日間	4日間	3日間
2. 集合研修	12日間	—	12日間	—	5日間
3. 現地研修（苗代・本田準備期）	4日間	4日間	—	6日間	5日間
4. 現地研修（田植期）	4日間	4日間	—	—	—
5. 現地研修（収穫前）	4日間	4日間	—	—	—
6. 第1回モニタリング	4日間	4日間	4日間	4日間	3日間
7. 第2回モニタリング	4日間	—	—	—	—
農家の研修日数合計	36日	20日	20日	14日	16日
地区あたり研修費用（百万タンザニア・シリング）	30	15	8〜10	6〜8	15

65）2017年7月から2018年6月まで。
66）研修開始初年度は県や農業省の予算措置手続きが済んでしまっているなど事務的な理由で費用負担が進まないことが多い。

表32　タンライス2の灌漑稲作研修（一般研修）の経費負担割合

年度	タンザニア側	JICA	対象地区数
2013/2014	3.2%	96.8%	9
2014/2015	16.3%	83.7%	15※
2015/2016	7.8%	92.2%	19
2016/2017	1.9%	98.1%	21
2017/2018	0.4%	99.6%	19
2018/2019	0.6%	99.4%	9
通期	5.2%	94.8%	92※

注：現況調査を実施した後に研修が取りやめになった2カ所を含む。

出所：JICA（2019）を基に筆者作成

20年にわたる援助協調は振り出しに

　2017年7月から新たなフェーズ（第2フェーズ）に移行する予定であったASDPも、途端に活動が停滞した[67]。ASDP枠組み文書を策定したころは四半期ごとに開催されていた農業関連省庁とドナーが会する農業セクター会合が開催されなくなっていた。農業省からの予算や政府計画に関する情報提供も滞るようになっていた。催促してようやく届いたものは極めて簡素な内容であった。

　2017/2018年度の農業ドナーグループのとりまとめ役はアメリカ。そのために赴任したUSAIDスタッフはドナーグループの初会合で「とても光栄。精一杯務める」と意気揚々に語ったのも束の間、2カ月後には「こんなはずでは…」とすっかり肩を落としてしまった。

　2018年某日、農業関連省庁とドナーが会する農業セクター会合が久しぶりに開催されることになった。前回開催がいつだったのかも思い出せない。2017年2月に農業省の庁舎がドドマに移転して以降[68]、JICAだけの用務であっても農業省と対面で打合せをする回数は明らかに減った。

67）2018年6月になってようやくフェーズ2の開始がマグフリ大統領により宣言された。
68）ドドマへの首都移転はニエレレ初代大統領政権時に決定していたが、経済状況の悪化等の理由により移転は進んでいなかった。マグフリ大統領が自身の任期中の移転完了を宣言した（2016年7月）。

　ダルエスサラームからドドマに飛行機で向かう朝、USAID、EU、IFAD、アイルランド、JICA が同じ便に乗り合わせた。早い時刻であったことを割り引いても一同さえない表情をし、異口同音に「せっかく開催してくれたから行かないとね」と言っている。全員が会議の目的、出席の意義を見出しかねているようだ。

　タンザニア政府とドナーとで約 20 年にわたり取り組んだ援助協調の試みは振り出しに戻った。

灌漑施設のない地区も対象に

　タンライス2は、灌漑施設の無い地区で稲作を行っている農家を指導対象に含めることにした。

　近代的な灌漑施設を整備することのできない場所では、降雨に頼った農業を行わざるを得ない。このため土地生産性は高くないが、肥料などの投入をしなくとも一定期間休耕して地力を回復させることで、食用作物を持続的に生産する農法が長年の営みの中で編み出されていた。しかし近代以降、アフリカの人口は急速に増加し、これを扶養するために耕作地を拡大した結果、地力を回復する間に耕作する場所の確保が難しくなった。短いサイクルで耕作を再開した土地の肥沃度は減少し、収量の低下を招く。また、丘陵地の森林帯の開拓も進んだ。人口圧力を背景に農業問題は環境問題と密接に関係するようになった。

　しかし稲作は連作が可能であるから、新規開墾余地が限界に近づきつつあるアフリカの食料確保の問題を緩和する手立てになり得る。アフリカ由来のコメ（*Oriza glaberrima Steud.*）が見つかった西アフリカには2,000 万 ha もの低湿地があるといわれるが、その利用率はほんのわずかに留まるともいわれている。湿地などの天水条件下でコメを安定的に生産できることは、アフリカの食料問題や貧困問題の解決に向けて大きな前進となるはずだ。

タンザニアにおいても、稲栽培の大半（約7割）は湿地などの天水条件下で行われている。日本は無償資金協力、円借款の供与を通じてタンザニアの重要政策である灌漑率の向上を支援しているが、2015年末時点の灌漑面積約46万haは、農地面積3,800万haの1%に留まり、広大な国に点在する条件不利地で暮らす数多の農家に支援が届くには長い年月を要する。すぐにでも取り組むことができるのは栽培技術面の改善であった。

　天水低湿地向けの研修プログラムが始まった2015年12月までに、JICAは40年間に上るタンザニアにおける水田稲作の経験を蓄積していた。それでも天水地域は利用できる水量が極めて不安定で、その変化を予測することは極めて困難であった。ある年は洪水するくらいの降雨があっても、翌年はカラカラの時もある。天水地域と一口にいっても所によって栽培条件は大きく異なる。1作、1年の様子を見ただけで栽培暦を作っても、現実と合わなくなることもしばしば。干ばつ、水害、病虫害などが起こっても生活の糧をすべて失わないよう、特定の作物に集中せず異なる作物を栽培する。その結果、稲作に割く労働時間が少なくなる。サブサハラ・アフリカの農家が稲作に使う労働時間はアジアの1/3ともいわれる。「無策の策が良策」とKATCフェーズ1のある専門家が書き残した、粗放的に見える（実際そうであるが）コメづくりや農家の行動は、厳しい自然環境に順応するための農家の生存戦略なのである。

　灌漑用水の心配がないことを前提とした稲作技術体系がそのままに天水地域に通用できないことは明らかだが、では何を農家に伝えるべきだろうか。農家の立場で考えてみれば、一家の生計を当てにならないコメの収穫に委ねる訳にはいかない。食いぶちを稼ぐために他で働いたりしなければならないから、田んぼでの作業に多くの時間を割くことはしない。確実な見返りが期待できることが、手間な（労働集約的な）作業を行うインセンティブになる。天水農業を行っている農家向けの研修はこれまでの研修とは異な

るアプローチが必要になる。しかし、答えは手探りで探すより他がなかった。

余所者の言葉は心に響かない

　天水地域で行う初めての現地研修では、中核農民コースで伝えている均平などの基本技術を伝え、その効果を実感してもらうための展示圃場を作ることとした。プロジェクトチームが不在の間は農家が展示圃場を管理する約束だ。しかし大泉は期待どおりにいかないことを覚悟していた。かつての実体験に理由があった。

　大学を卒業して飛び込んだ海外協力隊。ザンビアの西の端、アンゴラ国境近くに位置する西部州モング市に赴任した。稲作・食料作物生産担当として、展示圃場を作り、均平や灌漑用水を田んぼに行き渡らせるための水路作りを伝えようとした。しかし、農家は一向に動いてくれない。モングでコメをつくっている場所は、ザンベジ川のほとりにあり地力が低い砂壌土。かろうじて土壌養分に富んだ表土が地表から浅いところに薄く広がっていることを農家は知っているので、これが無くなってしまうことを嫌って、均平作業に否定的だった。農家は決して無知ではなく、そこで生活する者の道理に基づいて行動している。3年間近所で生活していても「余所者」の言うことに盲目的に従うことはないことが身に染みている大泉は、初めてやって来たうえに、たまにしか来ない者（MATIの教官も同じ）がああしろこうしろ言ったところで農家には響くはずがないと確信している。タンライスで肩書が「専門家」に変わったが、農家にとっては関係が無い。そう考えて、稲作技術について色々解説したくなる気持ちを堪えながら初回の研修を終えた。

　次に訪問した時に良い意味で予想が裏切られた。農家たちはタンライスの一行を大歓迎してくれた。個々人の圃場での実践はそれほどではなかったが、展示圃場は期待以上だった。畦畔が曲がっていたり、四角形とはいえない不格好な形であったりしたけれど、手を抜かずに取り組んでいた様子が見て取れる。

タンライス1の時から、ASDPの一番の狙いである県の農業開発事業の実施能力を強化するために、農家研修の対象の選択を県に委ねていた。プロジェクトは県の選択に口を出さず、その代わりに合理的に選ぶこと、農家との調整、現地研修が行われない間の普及員によるフォロー、必要な予算措置など、県の主体的な取り組みを求めていた。そうして選ばれたところは、営農面でも不利な条件にあるうえに幹線道路から離れているなどアクセスが悪く、これまで援助事業が届かなかったところばかり。タンザニア政府事業を含めて実質的にタンライス2が初めての支援活動であったことが逆に功を奏した。

　ムヘザ県キンボ地区も、幹線道路から離れた場所。タンザニア北東部、タンガ州コログウェ市の東へ20kmと少し、東ウサンバラ山地の東南麓に位置する。ここの農家も一生懸命に取り組んでくれた。1作期を通じた現地研修を無事終えた次の雨期、キンボ地区は大干ばつに見舞われてしまった。乾いてひび割れしている田んぼに条植えされた苗が干からびているのを見た時には申し訳ない気持ちで一杯になった。しかしこの農家は動かない。数年おきに繰り返すから、と、「バハティンバヤ（bahati mbaya ／ unlucky）」の一言で済ましてしまう。シニャンガ県の農家も「バハティンバヤ」と屈託のない顔で言う。

　これが苛烈な環境に適応するということなのだろうか。農家たちの期待に応えなければと一層身が引き締まる思いに駆られた。

活動量はKATC2の10倍に

　天水地域に活動対象を広げた結果、タンライス2では、スタンダードな灌漑稲作技術を伝える一般研修コースだけでも90カ所を数えるようになった。46カ所を対象としたタンライス1の2倍、9カ所を対象としたKATC2の10倍に上る。これに加えて、天水・低湿地稲作研修を30地区で延べ151回、

ネリカ研修を47回実施した。現地研修に一度出ると2,000km以上走ること
もあり、車輌1台の年間の走行距離は3万kmにも上る。プロジェクト開始
時に購入した新車も終了するころには乗り潰してしまう。専門家や教官たち
の安全のために定期的な整備は欠かせない。研修の実施はタンライス2に
なって2つのMATIを加え、KATCを含め7研修所で手分けしてはいる
が、研修経費の支出管理は日本人専門家チームが行っている。研修資材
を農家や普及員の側であらかじめ用意してもらうことができれば、買い物の
ための時間が節約になるのだがそうはいかない。金融サービスが未発達な
途上国のさらに地方部での活動は、プロジェクトチームが現金を持って走り
回ることになる。繁忙期には時に百万円単位の出金を行う日もあり、銀行手
続きの手間もさることながら亡失・犯罪被害のリスクもある。

　また、出納管理も簡単な仕事ではない。公金を使用する以上、支出が
適切であることをきちんと記録しておくことが求められる。適切とは、不要な
ものを買わない、妥当な価格で購入するということ。端的に表せば「無駄
遣いをしない」に尽きるのだが、値札を掲示している店は稀で、客を見て
値段を変えているようなところがある。時に価格交渉を楽しむこともあるが、
時間に余裕が無い時には苦痛な作業である。しかも領収書を発行してくれ
るところばかりではないので、持参した領収書に書き込んでもらう。価格を
聞いて比較して、交渉して、領収書を書いてもらう。これだけでもそれなり
の手間を必要とするのだが、研修の準備で忙しい時に買い物をしたりする
と、領収書の宛名を間違っていたり、日付が書き漏れていたりすることがあ
る。そのような時は基本的に店主に書き直しを頼む羽目になる。1年間の支
出証憑が厚さ8cmのファイルで27冊にも上った年もあった。

　プロジェクトチームも大変だが、これだけの量の書類を確認するJICA
事務所も同様の労力を要する。プロジェクトのロジスティクス能力は活動規
模の決定要因。プロジェクトチームには、通常業務調整という経理業務を
担う長期専門家が配置されている。この専門家の補助者も雇用できること

になっている。頭数を揃えることはもちろん大事であるが、日本の公的機関に課される厳格なルールから逸脱しないよう精緻な出納作業を任せられる人材は容易には見つからない。「習うより慣れよ」の精神で身につけてもらうことになるが、せっかく増やした人手が戦力になるまでに相当の時間を費やしてしまうことになる。しかも専門家はJICA経理のエキスパートではないので、プロジェクトスタッフ向けの経理指導といった支援がJICA事務所から得られるとき、プロジェクト専門家は最前線の活動に一層邁進する勇気がもらえる。

　ロジスティクスに加え、活動量に比例して負担が増大するのがモニタリング活動だ。一口にモニタリングといってもさまざまな目的のもとで実施されている。1つに事業の成否を計測するためのもので、一般的にモニタリング・評価（M&E）と知られる作業がこれにあたる。JICA事業では、事前評価、中間評価、終了時評価、事後評価を行うこととしている。あらかじめ設定した効果指標（定量的、定性的）の達成度合いの確認が行われる。

　2つには、適切な支援アプローチを模索することを目的とする作業である。稲作研修コースに参加した農家に対するアンケートであったり、収量調査や家計調査がこれにあたる。支援アプローチの妥当性をより科学的に検証する手法として、インパクト調査やランダム化比較試験（RCT）が近年行われるようになった。

　さらには、農家の気づきを促し、学びを深めるツールとして行うアンケート等がある。農作業の記録や収量、家計に関する設問がある点で2つ目のアンケート等との違いは必ずしも明確ではないが、実施の狙いが農家個人の学習をより重視することにあるため、情報（回答）の正確さはさほど問うことはない。

ICTの進歩を追い風に

　このようにさまざまな意図、狙いで行われるために、例えばコメの単収ひと

つとっても、坪刈りをするのか、農家の自己申告で良しとするのか、どこまでの範囲（母集団）に聞き取りを行うのかなど整理することは多い。プロジェクトの代を重ね協力対象地区の数が増えた分、同じコミュニティ、農家を訪問する機会は減少した。質問票を用意している時にはあれもこれもとついモニタリング項目を増やしてしまいがちだが、限りのある滞在期間で実施可能なのか、本当に聴取すべきなのかは事業実施の早い段階で整理して、活動スケジュールに織り込んでおくことで後に作業の手戻りを予防することができる。

　タンライス・プロジェクトのように、KATC発足からの四半世紀の間に、農家や農村の様子がどのように変化したのか尋ねられることが多くなる。印象ではなくエビデンスに基づいて論じることは意外に難しい。上述のとおりモニタリング項目や様式が時々のプロジェクトの必要に基づいていて、プロジェクトが終わってから横断的に分析するために設計されることは多くないからだ。そもそも過去の調査の記録が後代のプロジェクトで参照できる形で保存されることも稀である。データセットが保存されたパソコンが残っていても、土埃をかぶったりして物理的にデータを回収できなかったりする。

　タンライス2では先行フェーズの活動場所も含め、134カ所（一般研修）をモニタリング対象とした。さらに天水・低湿地稲作研修（30カ所）、ネリカ研修（200カ所から参加）実施し、これらのモニタリングも行なう必要がある。タンライス2は質問票の回収、MATI教官あるいは普及員による参加農家へのインタビューによって研修効果のモニタリングを行った。研修前後の収量は収穫袋の数と1袋あたりの容量（kg、所によって使われるサイズが異なる）と作付面積の情報を集め、MATIで計算した結果をタンライス2プロジェクトが集約する形で行われた。

　オンラインストレージを活用し、全国7つのMATIで分担して、離れた場所から並行して作業する工夫をした。携帯電話があっても停電のために充

電が切れてしまっていたり、圏外であるために農家と話している最中にちょっとした確認もできず、作業漏れが発生してしまっていた時代とは隔世の感がある。それでも、大量の1次データを分析するには膨大な労力が必要で、1年を通して研修の企画や現場での実施を監督しながらでは、どうしても後手に回ってしまう。

　携帯電話網の発達、スマートフォンやSNSのようなコミュニケーションツールの普及といった情報通信技術（ICT）の進歩は、技術協力プロジェクトの実施を格段に容易にした。今後のICTのさらなる発展が技術協力事業のロジスティクス面にも革新をもたらしてくれるかもしれない。そしてプロジェクトがもたらすインパクトが飛躍的に高まることを期待したい。

表33　タンライス2で行った研修を受講した農家の収量変化

	研修前平均 （トン /ha）	研修後平均 （トン /ha）	変化率 （%）
一般研修	3.2	4.5	40
天水低湿地稲作研修	1.4	2.0 (2.1)	43 (50)
NERICA 研修	0.5	1.2	140

注：（　）は干ばつや洪水などの極端な天候に見舞われた作付を除外した数値。
　　NERICA研修前の数値は存在しないため稲作振興戦略（National Rice Development Strategy）における天水畑地稲作の値を引用。

第8章

半世紀の到達点

農業機械化と農業金融

　タンライス2では灌漑事業地区管理、ジェンダー、マーケティング、収穫後処理など、多岐にわたるテーマ別研修（課題別研修）を用意した。これらは、稲作研修コースを受講し水田稲作が根付いてきた地区が次に直面する問題を扱う応用編のコースで、KADPプロジェクト以降のJICA事業などに関わった196の灌漑事業地区が参加した。農業機械化コースはこれら課題別研修の1つ。KADPからKATCフェーズ2まではトラクターオペレーター向け研修を実施したことがあるが、全国を見渡した時に灌漑事業地区でトラクターを保有しているところは多くないことや、農家向けに稲作技術研修を数多く実施することを優先するなどの理由から、タンライス1では農業機械関係は課題別研修で手掛けなかった[69]。しかし、農業機械、とりわけ収穫機械（リーパー、バインダーなど）や精米機が普及してきた状況を考慮して、タンライス2では6種類のラインナップを用意した。

　モシからダルエスサラームに向かう幹線道路沿い、タンガ州コログウェ市街から至近に位置するモンボ地区は、これらのうち5コースを受講した。

　KATC2時代に初めてKATCが催す稲作研修コースに参加。農業組合が熱心で農家をしっかりまとめていることもあり、研修のアレンジはいつも万全。3作期にわたる研修を終える頃にはhaあたり7トンを収穫する中核農家を筆頭に、多くの農家が高収量を達成。稲作が盛んになる一方で人手不足が顕著になり、モンボでは農作業を請け負う側の立場が強い売り手市場になっていた。このような状況でモンボの農業組合は日本製のコンバインハーベスター（コンバイン）を購入した。これは2台目になる。1台目は、日本開発政策・人材育成基金（PHRD）[70]により供与されたもの。この時にコンバインの威力（作業能率や収穫ロスの少なさ）と経済性（高止まりして

---

69) 灌漑事業地区運営（6地区）、ジェンダー（7地区）、マーケティング（2地区）の3コースを実施した。

70) Policy and Human Resources Development Fund。1990年7月に世界銀行グループにとって初めて設立された信託基金。

いる労賃を払うよりも有利⁷¹⁾）を実感した。KATC2の研修に初めて参加した20年前、モンボ地区の農業組合にはハンドトラクターを購入する資力は無かったのだが、地区内でのコメ生産量が増え組合員の経済力が高まったお陰で、銀行から融資を得ることができるまでになった。日本製コンバインは決して安くはないのだが、借金は2年で返済できる見込みだというから驚く。その秘訣は、モンボ地区以外の水田の収穫作業を請け負うことにしたからというのだから感服するばかりである。

　2台目の購入にタンライス2プロジェクトやJICAは一切関与していない。日本の農業機械メーカーの販売代理をしているAgriCom社と組合が直接交渉した。AgriCom社はコンバインやトラクターの修理ができるトラックを使い、全国を巡回するアフターセールスサービスを他に先駆けて開始した。さらに自ら銀行融資の取り次ぎを手掛け、順調に顧客を開拓しているという⁷²⁾。

モンボ地区で稼働している日本製コンバイン(Kubota DC-60)　出所：アイシーネット(2018)

---

71) モシ県マワラ地区では1エーカー当り14万シリングで収穫作業の請負が行われている。コンバインが行う収穫、運搬、脱穀作業を人力で行った場合に要する労賃の半分程度だという（2018年10月タンライス2調べ）。

72) 同社は複数の金融機関と提携している。融資条件は借入金利が年率15〜20%、頭金は35%以上の模様であるが、全額現金購入する事例も少なくない（JICA2018）。

図34 タンザニアのコメの生産量、単収、作付面積

出所：FAOSTAT（2022-8-28アクセス）を基に筆者作成

　全国的にコメの生産が増えたことで農業機械のマーケットが生まれた。KATC1を開始する時に見据えていたコメ産業の進展が、KATC設立から数えて足掛け25年の時間を経て現実のものとなった。この変化を一層拡大させようと、タンザニア政府とJICAは農家の金融アクセスを改善する方策を模索している。

コラム③　高い組織力を誇るモンボ地区

　ウジャマー村を起源とする集落で、住民によれば1967年からパンガニ川から取水する伝統的な灌漑稲作を行っていた。1979年に（旧西）ドイツの支援で近代的な灌漑施設が建設されるが、1993年に洪水に見舞われ損壊。その後世銀の支援で改修された。2つの水利ブロックがあり、合計で220ha。

圃場はすべて農業組合に帰属し、組合員は利用権を組合から認められるという形態を採用している点が特徴。利用権は複数年にわたるが、利用料（水利費・組合費など）の支払いが滞ると利用権を取り上げるなどのルールがある。利用権取り上げの措置も実行されており、日本が支援した灌漑地区の中で突出した組織運営能力を有している。

　モンボ地区住民の不断の努力と献身に疑いの余地はないが、県政府やドナーの支援を継続的に受けられたことがモンボの成功をもたらしている。コメどころの中にあって幹線道路沿いという恵まれたロケーションは、普及員にとっては訪問の負担が少なく、ドナーにとっては自身の貢献に注目を集めやすいという利点があることは付記しておきたい。

　なお、モンボ地区の今後の課題として農地整備が挙げられる。コンバインが圃場内を移動する想定になっていないために、畦を乗り越えながら移動する必要がある。タンライス2の調査により、コンバインの故障は走行部分に集中していることが明らかになっている。AgriCom社の修理サービスが得られるとはいえ、故障の発生は稼働率の低下に直結する。農道の造成は農地の減歩・換地を伴い、地権者の同意取り付けや補償といった利害調整をやり切る必要があり、資質や求心力

よく管理されているモンボの幹線水路

2005年2月

2011年6月

2017年6月

のある人物の存在など高い組織能力が求められる。農地が組合に帰
属している点でモンボ地区では農地整備が比較的実施しやすい環境
にあるが、難易度は決して低くはない。モンボでの帰趨(きすう)は途上国農業
の機械化を進める試金石として注目に値する。

西アフリカにおけるコメサプライチェーン支援

2019年、10年間の取り組みとして始めたCARDは新たなフェーズに移
行した。バリューチェーンをより意識して、民間部門と協調した地場産業の
形成やアフリカ域内の域内流通の促進にも取り組みを広げることとした。

アフリカの稲作支援に関して民間部門と協働する取り組みにはいくつか
先行事例がある。ゲイツ財団(Bill & Merinda Gates Foundation)はド
イツ国際協力公社(GTZ)と協力して、精米業者を支援の中心とする
Competitive Africa Rice Initiative(CARI)を東部アフリカ諸国で2013
年から実施し、対象地域の生産量、生産者の所得向上の面で一定の成
果を上げた。西アフリカ経済共同体(ECOWAS)は域内のコメの自給率
向上を加速させるために、コメのサプライチェーンの下流段階に携わる民間
部門の支援を柱の1つに据えるECOWAS Rice Observatory(ERO)と
称するイニシアチブの立ち上げを決定した。主要ドナーと並んでEROの運
営にJICAにも加わって欲しいという依頼がJICAに届き、2017年からJICA
の国際協力専門員として勤務している平岡がJICAの代表として運営委
員に就任することになった。

2021年12月に開かれた初回の会合でCARD事務局時代のなじみの
顔が「このRice Observatoryはお前の子供(your baby)だ」と声をか
けてきた。聞けば、CARD事務局勤めの2012年、コメ分野で新たな支援
を考えているゲイツ財団が主催した意見交換の会議で、CARD事務局員

だった平岡の発言がこのプログラムの発端だったという。

　園芸作物は農家が収穫したものが基本的にそのままの形で消費者の手に渡る。地域による違いもあるが売り先は固定されていないことがある。買い取る方は多数の品目を扱っていて一つの作物に詳しいことはない。他方でコメは、収穫時点では籾の状態にあるのでマーケットで販売される前に精米が行われる。精米業者は機械の稼働率を高めるために籾を集めることに精を出すので、コメ農家との結びつきや地域の生産事情に自ずと詳しくなる。これまでの作物生産分野の取り組みはサプライチェーンの上流側へのアプローチが主で、民間セクターが担う下流段階の取り組みは極めて限定的。均質な国内産米が安定的に供給されるようになれば輸入米と競争できるようになる。アフリカで稲作をこれまで以上に振興しようとするならば、在地の精米業者の能力がきっと重要なエントリーポイントになるであろう。

　思い起こせばそのようなことを言ったかもしれない。タンザニアで培われた知見を紹介したに過ぎなかったが、ゲイツ財団はCARIという事業を試行し、その成果をさらに発展させていた。

　キリマンジャロで始まりタンザニアの各地に広がった知見が、CARDを通じて西アフリカで新たな道を切り拓いている。

東アフリカ随一のコメ輸出国に

　タンザニア政府が日本に農業開発を含むキリマンジャロ州の発展のための支援を要請した当時、タンザニアは食料輸入国であった。しかし今や東南部アフリカ地域で数少ないコメの輸出国になった。ウガンダ、ルワンダ、ブルンジが伝統的なタンザニアの取引相手であるが、2020年になってケニアが輸入量を大幅に伸ばしている。2020年は7,600万トンをタンザニアから輸

入した。これは2020年のコメの輸入総量の13%を占めるとともに、2011年から2019年までのタンザニアからの輸入量の3.3倍に相当する。ルワンダも2012年から2019年の合計輸入量に相当する量を輸入し、ウガンダは2020年の全輸入量の約8割がタンザニアからとなった。

図35　近隣国のタンザニアからのコメの輸入量　　　　　　　　　　　　（単位：千トン）

注：Rice（HS1006）の輸入量（Re-importを含まない）。

出所：UN Comtrade Database（2022-8-28アクセス）を基に筆者作成

表36　近隣国のタンザニアからのコメの輸入量と全輸入量に占める割合　　（単位：千トン）

年　　　　輸入元	2011-2019 累計		2020	
	全世界	タンザニア	全世界	タンザニア
ウガンダ	1,385	335.6（24%）	294	233.4（79%）
ルワンダ	991	81.1（8%）	187	62.4（33%）
ケニア	3,193	22.8（1%）	604	76（13%）
ブルンジ	150	63.6（42%）	19	12.2（65%）
マラウィ	142	6.4（4%）	66	0.1（0%）
ザンビア	164	0.4（0%）	35	0.7（2%）

出所：UN Comtrade Database（2022-8-28アクセス）を基に筆者作成

ハレの日にしか口にできないコメが日常的に食卓に上る。日本の協力で指導を受けた農家やその家族の中には、商店を開いたり、コメの仲買人（トレーダー）として安定して稼いだりする女性が多数確認できるようになった。

KATCがあるチェケレニ村。日本の協力が始まるまでは食料配給の常連だった。灌漑稲作が始まって短期間に人口が増えた。コメ御殿が続々建った。バイクの数が増え、自家用車を保有する人が増えた。田植えや収穫、脱穀作業などは自分の農地を持たない住民や女性にとって新たな収入源となった。精米業を営む者、精米所や流通業者と取引する仲買人も増えた。人が増えたことで雑貨店、修理屋、薬局、金物・資材店など新しい商売も生まれ、ローア・モシ地区の賑わいは勢いを増していく。

かつてモシ市内にしかなかった中学校（Secondary school）は、マボギニ、オリア、チェケレニの3村に公立中学校が設置されている。マボギニとチェケレニ村には私立中学校も開設され、すべての授業が英語で行われている。ローア・モシ地区の子供が大学に進学することはもはや珍しくなった。医学部に進む優秀な子もいる。モシの街中にあるマウェンジ病院（Mawenzi General Hospital）にチェケレニ村出身の若い医師が2名も勤めているらしい。

コメは命 （Rice is Life）

「コメは命（Rice is Life）」は、2004年の国際コメ年のキャッチコピーである。幅広い土壌水分、土壌条件の下で生育可能なコメは、南極を除くすべての大陸で栽培されている。世界中で生産されるコメの約80％は低所得国の小規模農家によって耕作されている。故にコメの生産性を向上させ、コメを中心とした経済活動が活発化することは、とりわけ農村経済の発展と生活の質の改善、ひいては貧困撲滅に貢献すると説いた。

これが夢物語ではないことはローア・モシ地区が証明している。

上流部との水争いで当初の計画どおりの二期作ができていないローア・

モシ地区であるが、ここでコメをつくりたいと考える農家は非常に多い。現在[73]、ローア・モシ地区の一筆の賃料は1作（3カ月）で20万シリングから40万シリングで取引されている。灌漑用水の確保次第だが一筆あたり140万シリングの売り上げが期待でき、借りるだけでも競争がある。

　2019年に定年退職したンドロは、ローア・モシ地区にある二筆でコメをつくりながら農業資材の販売を始めた。チェケレニ村に住むKATCの教官として広く顔が知られている彼の店には、農家たちが相談しにやってくるようだ。肥料や除草剤が良く売れているとのこと。それだけ充分に元手が回収できるらしい。ンドロの今の目標は1,700万シリングを貯めて日本製のミニバンを買い、乗合タクシーのオーナーになること。

　「商売敵がチェケレニだけで5、6軒、モシには10軒以上あるから一体何年かかるか分からない」

　そう言いつつも表情は明るい。

　ムティカも何年か前にローア・モシ地区のマボギニ地区に土地を購入した。KATCに通い続けながらコツコツ建築していた家が完成したことを機に、2020年末からマボギニ村に引っ越した。2021年6月に定年退職し、コメ農家としての新たな人生を始めている。

　35年間の職業人生はとても幸せだったとムティカは振り返る。出世はしなかったけれども、農家が心からの感謝を表してくれるような指導ができるようになった。代々のプロジェクトに派遣された日本人専門家と共に働いて、自分が成長し続けた確信がある。KATCにやってきたエチオピア農業省の高官が、自分のジェンダー活動の説明に大きくうなずきながら聞いてくれた。恐らく修士号を持っているだろう人が、他では聞いたことが無い、感心したと

---

73) 2021年の聞き取り。

言ってくれてとても嬉しかった。2019年にウガンダで行われたジェンダーの国際会議で発表する機会も得た。万雷の拍手をもらって自分自身を誇らしく思えた。

　2人が公務員人生を全うする間、バオバブの木しかなかったローア・モシ地区は住宅であれるようになった。KATCで学んだタンザニア各地の女性農家の服装は華やかになり、笑顔は一層まぶしく輝くようになった。
　キリマンジャロから始まった稲作は、コメ農家を変え、地域に活力をもたらした。その過程に関わったKATCの教官たちは有用感と達成感を得た。

　タンザニアの稲作協力を想えば、Rice is Life は「コメは人生」と訳したい。
　今もローア・モシ地区では収穫を待つ黄金色の稲穂が風に揺れている。その向こうでキリマンジャロ山が半世紀前と変わらずにたたずんでいる。

補　　論

途上国で実践された農業普及手法

1. トレーニング・アンド・ビジット（T&V）

　T&V（Training and Visit）方式は本文で既述したとおり、「緑の革命」と称された主にコムギやコメ生産に関する技術革新をいかに農場に実戦配備するかという関心から編み出されたもの。当時の、そして現代でも、途上国の農業普及部門は、①業務内容と組織体制が不明確で指示命令系統が重複、②普及員の業務範囲があいまいで多岐かつ過多（公衆衛生、栄養、家族計画、物資調達、統計データ収集等）、③担当農家数が多いにも関わらず普及員には広範な担当地域を移動する手段がない、④適切な専門性、資質を有した職員が配置されていない、⑤研究部門との連携がない、⑥展示栽培を行っても農家の関与がなく農家の技術採用につながらない、⑦特定の作物、地域、栽培技術を普及・振興するための特別プロジェクトが立ち上げられ、普及員は通常業務との重複に混乱し不満を抱いている、という課題を共通して抱えていた。

　これらの課題を克服するために、①指揮命令系統の一本化、②あらかじめ特定した農家（コンタクト・ファーマー）を普及対象とし、定期的に巡回訪問する、③村落普及員（VEW）[74]は定期的に上司にあたる農業普及官（AEO）と、次回農家訪問時の指導内容について打ち合わせを行うとともに必要な訓練を受ける、④同じく専門技術員（SMS）と定期的な会合を持ち、専門技術の指導を受ける、⑤SMSと研究機関所属の研究員は圃場試験を実施する、⑥営農技術情報の伝達に関係しない業務（農業資材の配布や融資申し込みなど）にVEWを関与させない、⑦普及努力を集中させるために指導対象作物を絞り込み、指導内容を簡素化すること、を基本的な方法論としたのがT&V方式である。

　VEWの標準的な活動は、2週間を1サイクルとして、8カ所のコンタクト・ファーマーの巡回指導、AEOやSMSとの会合出席を行い、このサイクル

74）タンザニアにおいてはVAEO（Village Agricultural Extension Officer）とも表記される。

図a　VEWの標準活動サイクル

第１週目							第２週目						
月	火	水	木	金	土	日	月	火	水	木	金	土	日
1	2	MTG AEO	3	4	EXT VIS	H	5	6	TRA SMS	7	8	EXT VIS	H

－ 説明 －

1 〜 8 ＝ 訪問するグループ番号

MTG AEO ＝ 郡農業普及担当官との打ち合わせ

EXT VIS ＝ 予備日、フィールドデイ（指導担当農家以外の者を対象とした技術展示会）開催など

TRA SMS ＝ 県の専門技術員による訓練（隔週開催）受講

H ＝ 休日

出所：Benor et al.（1984）

を繰り返すことが想定された（図a参照）。

　タンザニアにおいては、世銀のNational Agricultural and Livestock Extension Rehabilitation Project（NALERP：1989-1997）とIFADのSouthern Highlands Extension and Rural Financial Services Project（1993-2000）事業によって全国的にT&V方式が導入された結果、中央の所管省庁から末端のVEWまで階層的な普及体制が構築された。

　T&V方式の導入によって生産技術・知識の効果的な普及を目指したNALERPであったが、農業生産、農家所得の向上に対しT&V方式導入が有効であったとは言い難い。普及員の専門性は、配置時の訓練と上司であるDEOやSMSとの協議・助言を得ても農家のニーズに応えることはできなかった。そもそもVEW研修やSMS会議が想定どおりに開催できなかったためである。これは1986年に始まる構造調整プログラム以降進められた公共部門改革の影響による。1992年に策定された政府政策大綱

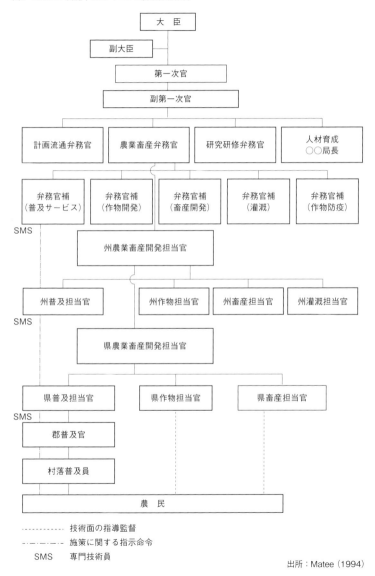

図b　NALERP実施中のタンザニアの農業普及体制

大　臣

副大臣

第一次官

副第一次官

計画流通弁務官　　農業畜産弁務官　　研究研修弁務官　　人材育成○○局長

弁務官補（普及サービス）　　弁務官補（作物開発）　　弁務官補（畜産開発）　　弁務官補（灌漑）　　弁務官補（作物防疫）

SMS

州農業畜産開発担当官

州普及担当官　　州作物担当官　　州畜産担当官　　州灌漑担当官

SMS

県農業畜産開発担当官

県普及担当官　　県作物担当官　　県畜産担当官

SMS

郡普及官

村落普及員

農　民

---------- 技術面の指導監督

-‥—‥—‥- 施策に関する指示命令

SMS　専門技術員

出所：Matee（1994）

189

（Policy Frame Paper）では公社・公団の規模縮小と行政効率向上が掲げられ、政府の開発予算が削減された。VEW研修やSMS会議や農家訪問の頻度は減少せざるを得なくなった。さらには普及員が移動に使用する自動車、二輪車の修繕もままならなくなり、1993年には公務員の新規採用が停止され、退職した普及員の後任が配置されないなど、KATCプロジェクトが始まった頃にはT&V方式を継続できる状況にはなくなっていた。

2. ファーマー・フィールド・スクール（FFS）

Farmer Field School（FFS）方式は、農家の問題分析・課題発見能力の強化に主眼をおく手法で、イネの虫害が大発生したインドネシアで1988年に始まった総合的病害虫管理（IPM）の取り組みに端を発する。

当時の農業普及の主流であったT&V方式にのっとった指導は、シンプルかつ画一的で、地域ごとに異なる生態学的状況に応じた対策が求められる病害虫管理には成果を挙げられていなかった。生態学的に合理的な農薬の使用や適切な栽培管理を農家が普及員に頼らず自ら判断できるよう、試行錯誤する過程でFFSの方法論は形づくられた。

初期の典型的なFFSは、ファシリテーターのもと、農家グループが定期的に集まって（Discovery-based exercise）、共同実験（Group trial and experimentation）、農業生態系分析（Agro-Ecological System Analysis）と呼ばれるツールを用い、参加農家どうしのディスカッションを通じて学習を深めていくというもので、学習サークル（Study circle）活動になぞらえられる。ファシリテーターは政府の農業普及員、FFSの卒業生（農家）、NGOや民間企業の職員などによって担われる

IPMのためのFFSはインドネシアから世界各地に展開され、次第にコメ以外の作物（バナナ、野菜、果樹、綿花、ココアなど）や畜産（酪農、家畜飼育、合鴨農法など）、農地管理（水管理、土壌肥沃度、土壌劣

化など）、保健（栄養、HIV/AIDS、環境問題など）に関する課題解決にもFFSが用いられるようになった

　FFSとは何かについて定式化された定義はない。学び手（農家）中心、現場主義、実験的学習、観察や分析などを通じた農業生態学・社会生態学的関係の理解、学習成果に基づく意思決定、農家および農家グループの能力向上は、FFSを形づくる特徴であり欠かせない要素として実践者の間で広く受け入れられている。

　FFS方式の有効性についての批判は主に次の2点に集約される。1つは、1作期に多数の研修会を開催するが、1つのFFSに参加する人数は多くなく数多くの現場普及員を必要とするために、労働集約的で割高であるというもの。二つは、投下した資源に対して農家どうしの情報や技術の普及、農業セクターの成長などに対する正の効果は、限定的あるいは認められないというもの。いずれもFFS方式を知識や技術の移転の手段、つまり農家の行動、知識、技術、生産性や収益性の変化に着目した評価である。これに対し、FFS方式は参加者の教育効果や、現状分析及び課題発見技能の向上に強みを発揮するものであり、単純な情報の伝達や実証済み技術のデモンストレーション、移転といった目的にFFS方式を採用することが適当ではないとの反論がある。

　このように世界中でさまざまな文脈で応用されているFFSは、タンザニアにおいても、1990年代後半以降にT&V方式と入れ替わるように、多くの援助機関が実施する援助事業で採用されるようになった。

　総じて、FFSどうしの距離が遠くFFSを卒業した農家が他の農家・FFSと交流するのが困難であること、そして、（これはFFSに限ったことではないが）FFSグループ活動をファシリテートする人物（多くは普及員）の力量が参加者の学習効果を左右するという傾向が観察される。

3. 農民参加型研究

　Farmer Participatory ResearchやParticipatory Agricultural Researchといった名称があるが、共通する特徴は、農業試験場の中だけではなく農家の圃場でフィールド実験を行うこと、その試験に農家が関わることにある。この端緒は1970年代の末頃にまでさかのぼることができる。当時ファーミングシステム研究（Farming System Research）と呼ばれ、研究サイクルの始まりの段階から農家の参加を重視するものであった。

　元来、研究とは普遍的原理の発見、仕組みの解明、そして知識の創造をその目的としている。農業研究においても現象の解明に始まり、望ましい技術の開発に進み、その確立で完結する。生産現場の条件や農家の考えは農業研究の過程で収集されるが参考情報という扱いに留まる。科学的知見で優れた技術を開発（確立）し、それを奨励技術として生産現場に導入するというアプローチは今日においても必ずしも奇異ではない。技術移転（Technology transfer）という考え方に通底するものでもある。

　このアプローチによる最大の成果が緑の革命である。国際稲研究所（IRRI）、国際トウモロコシ・コムギ改良センター（CIMMYT）で開発された高収量品種が世界各地に導入されていった1970年代、必ずしも期待したような成功を収めない地域や、研究者と普及員が自信をもつ技術を受け入れない農家の存在とその理由が研究者の関心を集めるようになっていた。さまざまな事例を検討して、従来の研究方法や技術移転のアプローチでは農家のニーズに必ずしも対応できていなかったことが明らかになった。支援を必要とする農家は、概して経営規模が小さく経済的に困窮しているばかりか、自然条件的、社会的に多様で複雑かつ予測困難な環境下で暮らしている。そしてこのような状況下に適応するためにリスクを極力回避する選択をしている。肥料の反応が良く多収量のハイブリッド品種が自然条件

---

75)「関与」「参加」の度合いに関する理論的な整理、議論について多数の著作、論考があるが、本書
　　では割愛する。

面で適さなかったという理由だけではなく、品種特性を最大限発揮するために必要な投入（資金と労働力の両方）が家計の許容度を超えていたり、増収への期待よりも失敗への不安が上回っていたりなど、農家の意思決定には複合的な要因が影響している。キリマンジャロ州の農業事情を調査したJICA専門家の記録に、在来メイズとハイブリット品種を自分の保有する畑の半分ずつ作付けしている農家が紹介されている。この農家がどのような思いでこのような選択をしたのか、それまでの技術移転アプローチでは十分にくみ取ることができていなかった。

この反省から生まれたファーミングシステム研究は、農家のニーズに応える技術を開発するべく、研究課題の設定段階から農家の意見を反映させ、技術開発から普及を一体的に実施するものである。

以上は主に国際農業研究グループ（CGIAR）での議論であるが、これと問題意識を共有する住民参加型開発あるいは住民主導による開発に関する理論的整理がなされた1990年代以降、「農民参加型研究」「参加型農業研究」としてさらに広く実践されるようになった。

JICA事業の中では、エチオピアの農業研究機構が1990年代後半から取り組み始めた参加型農業研究を支援する、「農民支援体制強化計画」プロジェクト（2004-09）、その後続事業である「農民研究グループを通じた適性技術開発・普及計画」プロジェクト（2010-15）が代表的事例である。

あとがき

　私がタンザニアを最初に意識したのは、1980年代にマラソンで日本の選手と鎬を削っていたジュマ・イカンガー選手を通じてのことだと思う。その後コーヒー党になったことも手伝ってか、タンザニアやキリマンジャロにはアフリカの他の国よりも親近感を覚えていた。

　KATC2プロジェクト専門家の一員としてモシに派遣されることを上司から言い渡されたのは、JICA職員としていまだ駆け出しだった20代最後の年。それまで東南アジアや中南米の案件を担当していたので、タンザニアはおろかアフリカについて一から勉強する毎日であった。時は援助の在り方に激震が走っている最中で（第4章参照）、プロジェクトに課せられた仕事の枠を超え、日本の開発協力はどうあるべきかを専門家仲間やKATCの同僚と議論する日々が続いた。時にはJICAの同僚と口論したりもした歳月が、今の私を形づくる代えがたい原体験となっている。

　半世紀間の取り組みを文字に表すことが一筋縄でいかないことは分かっていたが、実際に始めてみると見込みの甘さを痛感した。とにかく関わった関係者の数が多い。可能な限り間違いのない情報を、それでいて読みやすくまとめることの難しさに、投げ出したくなる衝動に幾度も駆られた。取材や資料提供にたくさんの方を頼らせていただいたが、充分には遠く及ばなかったと自覚している。また、本書の軸に据えた稲作栽培研修と等しく重要で一貫して取り組んだ灌漑技術や水利組合強化といったテーマを、十分に取り上げることができなかったことについてもご寛容いただきたい。

　取材協力いただいた方は極力本文の中に実名を掲載させていただいた

ので、ここでは割愛させていただきたく、何卒ご容赦願いたい。しかしながら、ンドロ氏とムティカ氏のオンラインインタビューの手配をいただいた大泉暢章氏、草稿の確認に何度も付き合っていただいたタンザニアの稲作協力の生き字引である富高元徳氏、両氏のご尽力が無ければ本書の完成はかなわなかったことは強調させていただく。

　また、元在タンザニア国日本大使館公使を務められた元在ベリーズ日本国大使窪田博之氏には、2000年代の世界の援助動向について丁寧な解説をいただき、元タンライス2プロジェクト専門家の白石健治氏には、プロジェクト活動記録やプロジェクトの実務面で多大なインプットをいただいた。編集の関係で言及がかなわなかったためにここで謝意を示したい。

　専門家の任期を終えてから十数年の時を経て、タンライス2プロジェクトの終了時評価調査のためにタンザニアを訪問する機会に恵まれた。KATCの同僚の面影は変わってはいなかったが、ローア・モシ地区で不自由なく携帯電話が使えるようになっていた。同僚は使いこなせていなかったスマートフォンも、子供世代は手放せないアイテムになっている。時代が推移したことは間違いないと実感した。

　同時に「開発協力はどれほど変化したのだろうか」との思いがふと頭をかすめた。今や日本にいながらでもかなりの情報を手に入れることができる。途上国政府職員とメールでやり取りすることが日常になった。けれども進歩がもたらしてくれた便利さや快適さの裏で、途上国のことを理解したように錯覚したり、そこで暮らしている人たち、支援を届けるべき人たちのことを想像

する力が弱まってしまっているとするならば、手放しでは喜べない。

　本書は内輪向けに執筆してはいないが、これからのJICAを担う同僚たちやJICAを志す方が、20年前に先輩専門家や先人の経験談から私が受けたような刺激を少しでも感じ取ったり、新たな着想を得るきっかけになるとすれば望外の喜びである。

　2021年3月、マグフリ大統領の急逝を受け、憲法規定にのっとり副大統領であったサミア大統領（Samia S. Hassan）が就任した。就任演説から農業部門の成長を加速する考えを明らかにしていたサミア大統領は、翌年、2030年までに農業部門の成長率を年率10%に引き上げる「Agenda10/30」を発表。若い世代の農業（畜水産業を含む）およびアグリビジネスへの参画を促進する施策などのために、2022/23年度政府予算に前年度の3倍以上もの農業予算を計上した。

　2023年9月には、今やアフリカ農業のオピニオンリーダーとなったAGRAの旗艦活動である国際会議（アフリカフードシステムサミット）のダルエスサラーム開催を実現し、その場で国際機関のタンザニア支援決定を発表するなど農業重視の本気度を印象づけた。

　過去の政権と比べて、サミア農政は非常に野心的な目標を立てている。この政策の評価が下されるはまだ先のことになるが、民間セクターはこれを好機としたい向きが見て取れる。第8章で紹介した農業機械販売を手掛けるAgriCom社 は、返済条件が優しい融資パッケージを提供すると発表した（2023年8月）。JICAはタンザニア農業開発銀行（TADB）に対する

アドバイザー専門家の派遣などを通じて、農家・農業組合の金融アクセス拡大を支援している最中である。コメづくりだけを取り上げてみても、地理的にも協力の内容面でも広がりを見せ、否応なしに外部アクターやJICAの他セクター案件との接点、関連性が増している。今後のJICAの対タンザニア農業支援がどのような展開を見せるか、タンザニア農業がどのような変貌を遂げるのか期待して見届けたい。

　2023年10月　ダルエスサラームにて

参考文献・資料

【公開資料】

石井龍一. (2003). イネはアフリカを救えるのか?. 熱帯農業, 47 (5), 332-338.

井上淳二. (1984). タンザニア・農業開発センターの活動. 農業土木学会誌, 52 (1), 27－30.

海外技術協力事業団. (1970). タンザニア国キリマンジャロ地域現地報告書.

――― (1973). 東アフリカ地域プロジェクト・ファインディング調査報告書

――― (1974). タンザニアキリマンジェロ農業開発実施計画調査団報告書.

外務省. (1976~1986). 外交青書. https://www.mofa.go.jp/mofaj/gaiko/bluebook/

――― (2009, 2010, 2012, 2014~2017,2019, 2020). 対タンザニア　事業展開計画.

――― (n.d.). 政府開発援助 (ODA) 国別データブック 2009.
https://www.mofa.go.jp/mofaj/gaiko/oda/shiryo/kuni/09_databook/pdfs/05-28.pdf

門平睦代, 西川芳昭. (2002). 参加型農業研究-農民主導・協働型のアプローチ-. 開発学研究, 13 (2), 57-63.

鴻池組. (1987). 黎明のキリマンジャロ [映画]. https://youtu.be/4chfH4cyF5Q

国際開発センター. (1972). タンザニアの開発と日本の協力.

国際協力機構. (2004). タンザニア国 キリマンジャロ農業技術者訓練センターフェーズⅡ計画運営指導 (中間評価).

――― (2004). タンザニア国 地方開発セクタープログラム策定支援調査.

――― (2005). タンザニア国 地方開発セクタープログラム策定支援調査ファイナルレポート.

――― (2005). 特集 ジェンダー平等の視点. JICA フロンティア.

――― (2007). タンザニア・キリマンジャロ農業技術者訓練センターフェーズⅡ計画終了時評価調査団報告書.

――― (2007). タンザニア国 灌漑農業技術普及支援体制強化計画事前評価調査団報告書.

――― (2010). アフリカCARDイニシアティブ タンザニアの稲作振興におけるジェンダー分析調査報告書.

――――― (2012). タンザニア連合共和国灌漑農業技術普及支援体制強化計画終了時評価報告書.

――――― (2018). タンザニア国 全国灌漑マスタープラン改訂プロジェクト ファイナルレポート.

国際協力事業団. (1975). タンザニア・キリマンジャロ地域総合開発調査団報告書.

――――― (1975). タンザニア共和国キリマンジャロ州中小工業開発計画調査報告書.

――――― (1976). タンザニア・キリマンジャロ農業開発　巡回指導調査団報告書.

――――― (1976). タンザニア・キリマンジャロ農業開発実施設計調査報告書（地下水調査）.

――――― (1979). タンザニア・キリマンジャロ農業開発　巡回指導調査報告書.

――――― (1979). タンザニア国ローア・モシ農業開発計画事前調査報告書.

――――― (1979). タンザニア連合共和国 キリマンジャロ農業及び工業開発センター基本設計報告書.

――――― (1980). タンザニア連合共和国キリマンジャロ農業開発センター計画　計画打ち合わせチーム報告書.

――――― (1980). タンザニア連合共和国ローアモシ農業開発計画実施調査報告書.

――――― (1981). タンザニア連合共和国キリマンジャロ農業開発センター計画　計画打ち合わせ・巡回指導チーム報告書.

――――― (1983). タンザニア連合共和国キリマンジャロ農業開発センター計画　巡回指導チーム報告書.

――――― (1986). タンザニア・キリマンジャロ農業開発センター計画　エバリュエーションチーム報告書.

――――― (1986). タンザニア連合共和国キリマンジャロ農業開発農業開発計画　実施協議チーム報告書.

――――― (1993). タンザニア連合共和国 キリマンジャロ農業技術者訓練計画長期調査報告書.

――――― (1994). キリマンジャロ農業開発センター計画キリマンジェロ農業開発計画 (タンザニア). プロジェクト方式技術協力活動事例シリーズ.

――――― (2000). タンザニア キリマンジャロ農業技術者訓練センター計画フェーズ II 事前調査団報告書.

――――― (n.d.). 新しい世界 キリマンジャロの夢 [映画].

国際連合広報センター. (2003). 2004年は国際コメ年.

https://www.unic.or.jp/news_press/features_backgrounders/1121/

鈴木文彦. (2020). タンザニア国農政の現状と課題—公的資金の減少と民間主導の
開発への模索—. 国際農林業協力, 43 (2), 29-38.

総務省. (2004). 経済協力 (政府開発援助) に関する政策評価書.

https://www.soumu.go.jp/main_sosiki/hyouka/keizai_hyo_3.htm

武田真一, 山本愛一郎. (2000). 農業分野(ケニア／タンザニア). 事業評価報告書. 国
際協力事業団, 320-328.

谷口千吉. (1974). アサンテサーナ —わが愛しのタンザニア— [映画].

花谷厚. (2003). ドナー協調の現場から／タンザニアの事例 (その1) 援助協調関与
の利害と対応戦略. IDCJ forum (23), 66-75.

林晃史. (1971). タンザニアの「社会主義」化：ウジャマー演説からアルーシャ宣言へ. ア
ジア経済, 12 (3), 40-57.

松本雅夫. (2004). 世界的な食料, 水問題と国際コメ年の取組み. 農業土木学会誌,
72 (9), 769-772.

Benor, D, Harrison, J. Q., BaxterM. (1984). Agricultural extension - the
training and visit system. The World Bank.

Caldwell, John S. (2006). 農民参加型技術開発アプローチの発生系譜と意義. 熱帯
農業, 50 (5), 257-265.

Helleiner et al. (1995). Report of the Group of Independent Advisers on
Development Cooperation Issues between Tanzania and its Aid Donors.

Hines, Deborah A., Eckman, Karlyn. (1993). Indigenous multipurpose trees of
Tanzania: uses and economic benefits for people. Food and Agriculture
Organization of the United Nations.

Iffil, Max B. (1971). キリマンジャロ地域経済開発の展望. (海外技術協力事業団開
発調査部, 訳) 海外技術協力事業団開発調査部.

Tanzanian govt crackdowns on 'economic saboteurs', move spreads
paranoia among Asians. (1983, July 15). INDIA TODAY. https://
www.indiatoday.in/magazine/international/story/19830715-tanzanian-
govt-crackdowns-on-economic-saboteurs-move-spreads-paranoia-among-
asians-770808-2013-07-20

KATC2.（n.d.）. キリマンジャロ農業技術者訓練センター計画フェーズ II ホームページ.

Matee, A. Z.（1994）. Reforming Tanzania's Agricultural Extension System: The Challenges Ahead. African Study Monographs. 15（4）, 177-188.

Ministry of Agriculture.（2019）. NATIONAL RICE DEVELOPMENT STRATEGY PHASE II. https://www.kilimo.go.tz/resources/view/national-rice-development-strategy-phase-ii

Swanson, Burton E., Rajalahti, Riikka.（2010）. Strengthening agricultural extension and advisory systems: procedures for assessing, transforming, and evaluating extension system. Agriculture and Rural Development Discussion Paper 45, The World Bank.

Tanzania closes borders in massive crackdown on smuggling, corruption.（1983, April 12）. The Christian Science Monitor. https://www.csmonitor.com/1983/0412/041251.html

Wobst, Peter.（2001）. Structural adjustment and intersectoral shifts in Tanzania: a computable general equilibrium analysis. International Food Policy Research Institute.

【非刊行資料】

アイ・シーネット（株）.（2018）. 専門家業務完了報告書　農業機械.

相川次郎.（2006）. 専門家業務完了報告書.

浅井誠.（2006）. 専門家業務完了報告書.

大泉暢章.（2012）. 専門家業務完了報告書.

―――（2020）. 専門家業務完了報告書.

大神信男.（1986）. 専門家総合報告書.

大野康雄.（2004）. 専門家業務完了報告書.

岡田秀雄.（1997）. 専門家総合報告書.

―――（2001）. 専門家総合報告書.

―――（2004）. 総合報告書.

奥田実行.（1991）. 総合報告書.

親泊安次.（2018）. 専門家業務完了報告書.

香月敏孝.（1992）. 専門家総合報告書.

国際協力機構．（2010）．「アフリカ稲作振興のための共同体」"Coalition for African Rice Development"（CARD）について．

──── （2018）．コメ振興支援計画プロジェクト　終了時評価報告書案．

榊道彦．（2016）．専門家業務完了報告書．

嶋田知子．（1996）．総合報告書．

白石健治．（2021）．専門家業務完了報告書．

菅原清吉．（1996）．総合報告書．

関谷信人．（2012）．専門家業務完了報告書．

瀬古良勝．（1995）．タンザニア連合共和国キリマンジャロ農業者訓練計画短期専門家報告書．

田中智穂．（2018）．専門家業務完了報告書．

田村賢治．（1998）．専門家報告書（短期）．

──── （2002）．総合報告書．

──── （2009）．総合報告書．

──── （2010）．専門家業務完了報告書．

──── （2015）．専門家業務完了報告書．

タンライス．（2012）．タンザニア・灌漑農業技術普及支援体制強化計画（タンライス）事業完了報告書．

タンライス2．（2020）．コメ振興支援計画プロジェクト　帰国報告会資料．

富高元徳．（1999）．専門家総合報告書．

──── （2012）．専門家業務完了報告書．

──── （2018）．専門家業務完了報告書．

中川一夫．（1997）．総合報告書．

──── （1998）．総合報告書．

難波俊章．（1986）．専門家総合報告書．

根津光也．（1986）．専門家総合報告書．

野坂治郎．（2004）．ムウェガ・プロジェクトにおける新しい試み．

野坂治郎，鷹巣政男．（1985）．タンザニア・キリマンジャロ農業開発計画専門家総合報告書．

古山徳春．（1992）．総合報告書．

堀端俊造．（1993）．総合報告書．

ボルト雅美. (2012). 専門家業務完了報告書.

増渕清. (1986). 専門家総合報告書.

柳田敏雄. (1990). 専門家総合報告書.

山口浩司. (2019). タンザニア国コメ振興支援計画プロジェクト短期派遣専門家（農業機械）業務完了報告書.

山脇正男. (1994). 総合報告書.

Japan International Cooperation Agency. (2019). The Project for Supporting Rice Industry Development in Tanzania (TANRICE2) Final Report.

TANRICE. (2012). Implementation and Achievements of Technical Cooperation in Supporting Service Delivery Systems of Irrigated Agriculture (TC-SDIA / TANRICE) under The Agricultural Sector Development Programme (ASDP).

TANRICE. (2013). Utayarishaji wa mbegu［タンライス1研修テキスト］.

略 語 一 覧

AGRA　Alliance for a Green Revolution in Africa（アフリカ緑の革命のための同盟）

ARI　Agricultural Research Institute（農業研究所）

ASA　Agricultural Seed Agency（農業種子公社）

ASDP　Agricultural Sector Development Programme（農業セクター開発計画）

ASDS　Agricultural Sector Development Strategy（農業セクター開発戦略）

CARD　Coalition for African Rice Development（アフリカ稲作振興のための共同体）

CARI　Competitive Africa Rice Initiative（競争力のあるアフリカ稲作イニシアチブ）

CDF　Comprehensive Development Framework（包括的な開発フレームワーク）

CGIAR　Consultative Group on International Agricultural Research（国際農業研究グループ）

DAC　Development Assistance Committee（開発援助委員会）

DADP　District Agricultural Development Plan（県農業開発計画）

DALDO　District Agricultural and Livestock Development Officer（県農牧開発官）

DED　District Executive Director（県行政長官）

DEO　District Extension Officer（農業普及官）

DFID　Department for International Development（国際開発省）

ECOWAS　Economic Community of West African States（西アフリカ諸国経済共同体）

EU　European Union（欧州連合）

FAG　Financial Advisory Group（財政助言グループ）

FAO　United Nations Food and Agriculture Organization（国連食糧農業機関）

FARA	Forum for Agricultural Research in Africa（アフリカ農業研究フォーラム）
FASWOG	Food and Agriculture Sector Working Group（食料農業セクターワーキンググループ）
FFS	Farmer Field School（ファーマー・フィールド・スクール）
GTZ	Deutsche Gesellschaft für Technische Zusammenarbeit GmbH（ドイツ技術協力公社）
GIZ	Deutsche Gesellschaft für Internationale Zusammenarbeit GmbH（ドイツ国際協力機構）
HIPC	Heavily Indebted Poor Countries（重債務貧困国）
IF	Intermediate farmer（中間農家）
IFAD	International Fund for Agricultural Development（国際農業開発基金）
IMF	International Monetary Fund（国際通貨基金）
IPM	Integrated Pest Management（総合的病害虫管理）
IRRI	International Rice Research Institute（国際稲研究所）
JICA	Japan International Cooperation Agency（国際協力機構、前身は国際協力事業団）
JIRCAS	Japan International Research Center for Agricultural Sciences（国際農林水産業研究センター）
KADC	Kilimanjaro Agricultural Development Center（キリマンジャロ農業開発センター）
KADP	Kilimanjaro Agricultural Development Project（キリマンジャロ農業開発計画）
KATC	Kilimanjaro Agricultural Training Centre（キリマンジャロ農業研修センター）
KATRIN	Kilombero Agricultural Training and Research Institute（キロンベロ農業研修・研究所）
KF	Key farmer（中核農家）
KIDC	Kilimanjaro Industrial Development Center（キリマンジャロ工業開発センター）
MATI	Ministry of Agriculture Training Institute（農業研修所）

MDGs	Millennium Development Goals（ミレニアム開発目標）
NAEP	National Agriculture Extension Project（国家農業普及プロジェクト）
NALERP	National Agricultural and Livestock Extension Rehabilitation Project（農業畜産普及リハビリテーションプロジェクト）
NERICA	New Rice for Africa（ネリカ米）
NPM	New Public Management（新公共管理）
NRDS	National Rice Development Strategy（稲作振興戦略）
ODA	Official Development Assistance（政府開発援助）
PCM	Project Cycle Management（プロジェクト・サイクル・マネジメント）
PDM	Project Design Matrix（プロジェクト・デザイン・マトリクス）
PRSC	Poverty Reduction Support Credit（貧困削減支援融資）
PRSP	Poverty Reduction Strategy Paper（貧困削減戦略書）
SMS	Subject Matter Specialist（専門技術員）
SWAPs	Sector Wide Approaches（セクターワイドアプローチ）
TADB	Tanzania Agricultural Development Bank（タンザニア農業開発銀行）
TAS	Tanzania Assistance Strategy（タンザニア支援戦略）
TICAD	Tokyo International Conference on African Development（アフリカ開発会議）
TIRDEP	Tanga Integrated Rural Development Programme（タンガ総合農村開発計画）
UNDP	United Nations Development Programme（国際連合開発計画）
USAID	United States Agency for International Development（アメリカ合衆国国際開発庁）
VAEO	Village Agricultural Extension Officer（村落農業普及員）
VEW	Village Extension Worker（村落普及員）
WARDA	West Africa Rice Development Association（西アフリカ稲開発協会）
WDR	World Development Report（世界開発報告）
WEO	Ward Executive Officer（地区行政官）

［著者］

浅井 誠（あさい まこと）

札幌市生まれ。1998年国際協力事業団（JICA：現国際協力機構）入団。2003年から2006年までJICA「キリマンジャロ農業技術者訓練センターフェーズ2計画」の専門家としてタンザニアキリマンジャロ州モシ市に滞在。農業農村開発や国際援助協調を担当するJICA本部部署、農林水産省大臣官房国際部、JICAスリランカ事務所などで勤務。現在はJICAタンザニア事務所次長。北海道大学農学部農業工学科卒業、日本福祉大学大学院国際社会開発研究科国際社会開発専攻修了。

JICAプロジェクト・ヒストリー・シリーズ

稲穂の波の向こうに
キリマンジャロ
タンザニアのコメづくり半世紀の軌跡

2023年12月2日　第1刷発行

著　者：浅井　誠

発行所：㈱佐伯コミュニケーションズ　出版事業部
　　　　〒151-0051 東京都渋谷区千駄ヶ谷5-29-7
　　　　TEL 03-5368-4301
　　　　FAX 03-5368-4380

編集・印刷・製本：㈱佐伯コミュニケーションズ

JICA プロジェクト・ヒストリー　既刊書

シリーズ全巻のご案内は☞